PHYSIOLOGIE

DES TEMPÉRAMENS

ou

CONSTITUTIONS.

IMPRIMERIE DE MIGNERET, RUE DU DRAGON, N.º 20.

PHYSIOLOGIE

DES TEMPÉRAMENS

OU

CONSTITUTIONS;

NOUVELLE DOCTRINE APPLICABLE A LA MÉDECINE-PRATIQUE, A L'HYGIÈNE, A L'HISTOIRE NATU-RELLE ET A LA PHILOSOPHIE;

PRÉCÉDÉE D'UN EXAMEN DES DIVERSES THÉORIES DES TEMPÉRAMENS ;

PAR **F. THOMAS**, (DE TROISVÈVRE) D. M. P.,

Médecin attaché à l'Hôpital Beaujon, membre de plusieurs Sociétés savantes.

> L'homme extérieur n'est que la saillie
> de l'homme intérieur.
> DUPATY, 33.ᵉ *Lettre sur l'Italie.*

A PARIS,

CHEZ { J. B. BAILLIÈRE, Libraire, rue de l'Ecole de Médecine, N.º 14 ;
L'AUTEUR, à l'Hôpital Beaujon.

1826.

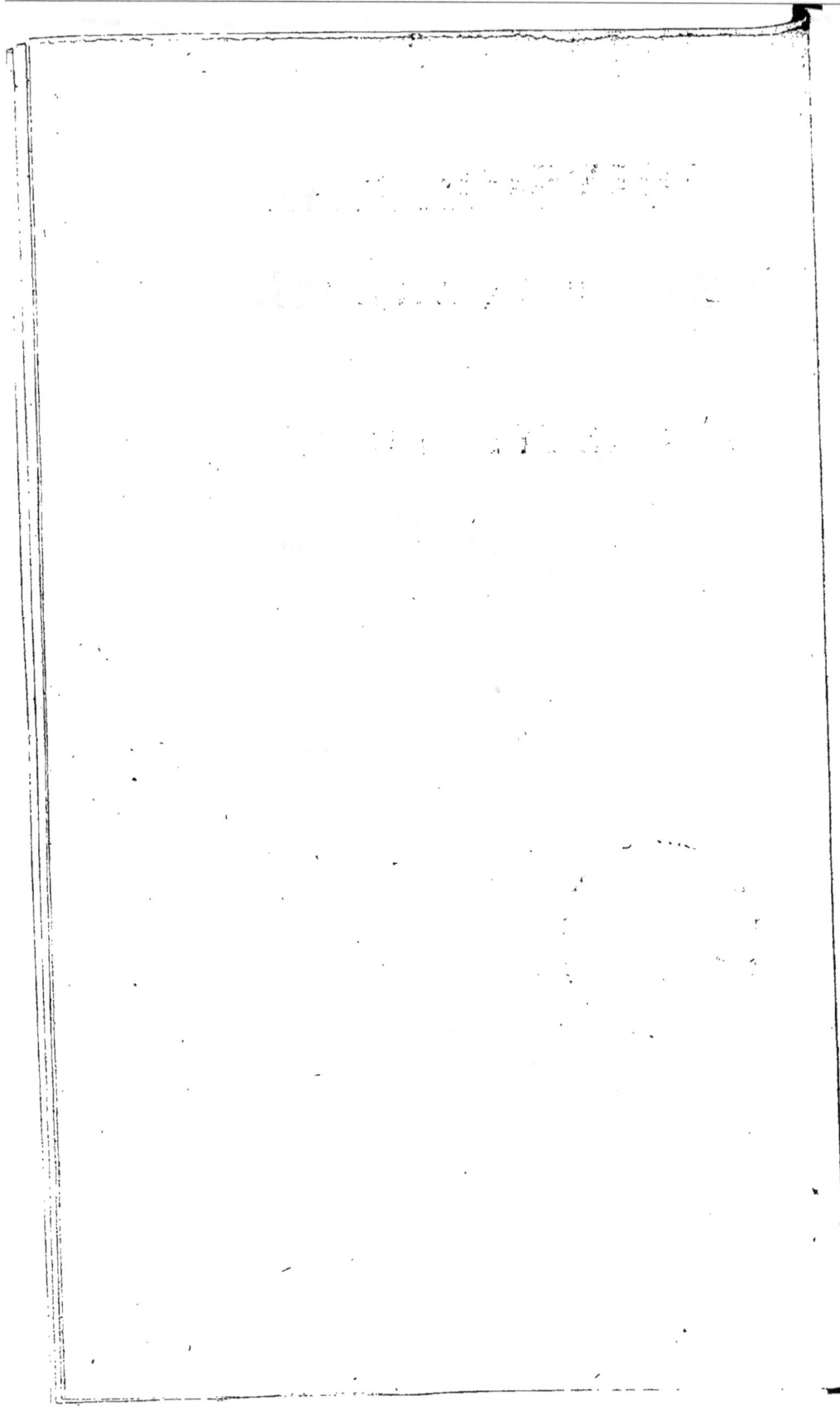

PRÉFACE.

—

Depuis que l'on ne regarde plus les maladies comme des groupes arbitraires de symptômes, que l'on a pu les rattacher toutes à des altérations d'organes, que l'on a pu saisir le mode d'action de leurs causes, leur nature et leur traitement, la doctrine des tempéramens, telle qu'elle est encore professée dans les écoles, ne peut donner d'applications précises dans les maladies; et ceux qui, encore aujourd'hui, mettent en tête de leurs observations le tempérament de l'individu, le font plutôt, par une espèce de routine ou d'usage, que pour un but d'utilité.

Il n'en est point de même de la nouvelle doctrine que je vais exposer; fondée sur l'organisme, remarquable par sa facilité et sa simplicité, elle rend, surtout, parfaitement raison des différences des tempéramens dans les âges, les sexes, les animaux, et de leur mode d'influence dans les maladies; de sorte que des vérités qui en découlent, résultent de grandes et importantes applications à l'histoire naturelle, à la médecine-pratique, à l'hygiène et à la philosophie.

En janvier 1821, j'annonçai cet ouvrage dans un mémoire, intitulé : *Division naturelle des tempéramens, tirée de la fonctionomie.* Quoique le peu de développement que je donnai fût la cause des opinions diverses et contradictoires, et même des fausses interprétations qui furent émises à cette époque sur mes idées, elles furent cependant bientôt accueillies par les hommes les plus recommandables, et par la jeunesse studieuse et éclairée; de sorte que, j'ai regretté souvent, que des circonstances particulières m'aient empêché de développer ce travail, que je regarde comme nécessaire, aujourd'hui, à notre belle science.

Après avoir jeté un coup-d'œil sur les diverses théories des tempéramens admises jusqu'à nos jours, en avoir démontré tout le vague et l'incertitude, nous établissons les fondemens de notre nouvelle doctrine; puis, nous examinons chaque tempérament en particulier; nous les considérons ensuite, successivement dans les âges, les sexes, les différentes espèces d'animaux, et dans les maladies; nous

terminons enfin par quelques réflexions sur les changemens de tempéramens, et sur les moyens d'en acquérir un déterminé.

EXAMEN

DES DIVERSES

THÉORIES DES TEMPÉRAMENS

ADMISES JUSQU'A NOS JOURS.

~~~~~~~~~

CHAPITRE PREMIER.

Doctrine d'Hippocrate.

Dans les temps les plus reculés, on ne trouve que quelques idées vagues et éparses sur les tempéramens ou constitutions. Les stoïciens les attribuent aux différentes émanations qui constituent l'essence de l'âme ; d'abondantes vapeurs ignées disposent à la colère ; la prédominance des vapeurs aqueuses produit la pusillanimité. Les ouvrages d'Hippocrate même laissent encore beaucoup à désirer sur sa doctrine des tempéramens, qu'il désignait par *naturæ,* et dont il n'a laissé

1

aucun développement : on en trouve seulement épars çà et là les fondemens, principalement consignés dans son *Traité de la nature de l'homme.* Ne connaissant ni les organes ni les fonctions, il regarde le corps humain comme un composé de quatre humeurs, le *sang*, la *bile*, la *pituite* et l'*atrabile*. Pour preuve de cette proposition, il allègue que, quand on prend un remède qui agit sur la bile, on vomit d'abord cette humeur, puis de la pituite, ensuite de la bile noire; enfin, au moment de la mort, on finit par vomir le sang.

Il admet que la prédominance d'une de ces quatre humeurs se manifeste par les qualités du *chaud*, du *froid*, du *sec* et de l'*humide*; que chacune de ces humeurs et de ces qualités prédomine dans chaque saison, dans chaque âge. « La pituite augmente, dit-il, dans l'homme » pendant l'hiver. C'est aussi l'humeur du corps » la plus analogue, par sa nature, à l'hiver; » car c'est la plus froide.... C'est aussi pendant » l'hiver que surviennent principalement les » œdèmes, les tumeurs blanches, et toutes les » maladies pituiteuses.

» Dans le printemps, la pituite est forte en- » core; mais le sang augmente alors : les froids » diminuent, et les pluies viennent. Le sang

» doit donc prendre de l'accroissement ; car il
» est, par sa nature, analogue à la constitution
» de cette partie de l'année, puisqu'il est chaud
» et humide. La preuve de ce que je dis, est
» que les hommes, dans le printemps et dans
» l'été, sont le plus exposés aux dyssenteries et
» aux hémorrhagies du nez. Ils sont alors plus
» rouges et plus chauds.

» Dans l'été, le sang abonde encore ; mais la
» bile s'accroît et s'étend jusqu'à l'automne,
» tandis que le sang diminue ; car l'été est con-
» traire à sa nature. La bile se fait sentir pen-
» dant l'été et pendant l'automne, puisque l'on
» vomit alors naturellement de la bile, et que
» les remèdes purgatifs en entraînent une très-
» grande quantité. Cela se voit aussi dans le
» caractère des fièvres automnales, et à la cou-
» leur de la peau. La pituite est très-faible dans
» l'été ; cette saison lui étant la plus contraire
» par sa nature, puisque l'été est naturellement
» sec et chaud.

» Le sang devient très-faible dans l'automne ;
» car cette saison est sèche, et commence à re-
» froidir le corps. Mais l'atrabile est, dans l'au-
» tomne, plus abondante et plus forte.

» Quand l'hiver revient, l'atrabile refroidie,
» diminue. La pituite augmente de nouveau

1..

» par l'abondance des pluies et par la longueur
» des nuits. Le corps humain a donc constam-
» ment ces quatre humeurs, en tout temps :
» mais elles augmentent ou diminuent chacune,
» à raison de la saison régnante, favorable ou
» contraire à leur nature.

　» Comme l'année entière a toujours et le
» chaud, et le froid, et le sec, et l'humide;
» rien dans ce monde ne peut subsister un
» seul instant, à moins que ces quatre choses
» ne s'y trouvent; et si une seule manquait,
» tous les êtres actuels seraient détruits, la
» même loi qui a servi à les former tous, ser-
» vant à les entretenir. De même, le corps de
» l'homme, s'il manquait d'une seule des choses
» qui le constituent, ne pourrait point vivre.
» Dans l'année, tantôt l'hiver domine, tantôt
» le printemps, ou l'été, ou l'automne. Dans
» l'homme, c'est ou la pituite, ou le sang, ou
» la bile, ou l'atrabile, qui dominent. Cela se
» prouve manifestement, en ce que si l'on purge
» le même homme avec le même remède quatre
» fois dans l'année, aux quatre saisons différen-
» tes, il rendra l'hiver des matières très-pitui-
» teuses, le printemps des matières délayées
» dans beaucoup d'humide, l'été de la bile, et
» l'automne de l'atrabile.

» Puisqu'il en est ainsi, ajoute-t-il, les ma-
» ladies qui augmentent dans l'hiver doivent
» finir dans l'été; celles qui se multiplient l'été,
» doivent s'arrêter l'hiver.... Quant aux mala-
» dies qui viennent dans le printemps, il faut
» attendre l'automne pour les voir s'en aller.
» Celles qui se manifestent dans l'automne, se
» dissipent nécessairement au printemps. Si
» elles passent la saison où elles devraient finir,
» soyez assuré qu'elles dureront toute l'année.
» Le médecin doit donc, en soignant les mala-
» des, observer ce qui domine alors d'après la
» nature du corps humain et de la saison ré-
» gnante (1) ».

D'après Hippocrate, toutes les maladies sont
dues aux quatre humeurs, et l'on doit distinguer les remèdes en quatre classes; en ceux
qui agissent sur le *sang*, sur la *pituite*, sur la
bile et sur l'*atrabile*. « Le remède entré dans
» le corps, dit-il, agit principalement sur
» l'humeur qui est la plus analogue à sa na-
» ture; il attaque ensuite et purge les au-
» tres (2) ».

(1) Hippocrate, *de la Nature de l'homme*; traduction.
d'après l'édition de Foës.
(2) *Ibid.*

Telles sont les notions que nous a laissées Hippocrate sur les tempéramens; quoique les progrès des sciences aient modifié ses idées, toutes humorales, nous verrons que sa doctrine forme toujours la base de toutes celles qui se sont succédées jusqu'à nos jours.

CHAPITRE II.

Théorie de Galien.

GALIEN, commentateur d'Hippocrate, déve-
loppa la doctrine de son maître, et lui fit
éprouver des modifications. Il admit neuf
tempéramens, et il prit pour base les *qualités
primordiales des quatre élémens*, le *chaud*, le
froid, le *sec* et l'*humide*. La prédominance
d'une de ces qualités constituait les quatre
premiers tempéramens, qu'il appelait *simples*,
et qu'il désignait sous les noms de *chaud*, *froid*,
sec et *humide*. Quatre autres composés étaient
constitués par la prédominance de deux qualités simples chez un même individu. Ces quatre combinaisons correspondaient aux quatre
prédominances humorales d'Hippocrate. De
sorte que le sec et humide correspondait au
sanguin ; le sec et chaud, au bilieux ; le froid
et humide, au pituiteux ; le sec et froid, au
mélancolique. Le neuvième tempérament,
temperamentum ad pundus, résultait d'une juste
proportion des mélanges.

Ainsi, les caractères physiques des tempéramens étaient principalement appréciés par le

tact, qui distinguait si l'habitude du corps était *chaude, froide, sèche* ou *humide ;* ou , en même temps, *sèche* et *humide, sèche* et *chaude, froide* et *humide, sèche* et *froide.* Enfin , dans *une juste proportion ou mixte.*

Galien examinait, non-seulement , les tempéramens du corps en général, mais celui des organes en particulier, et principalement du cerveau, du cœur, du poumon , du foie, des organes génitaux, et même de la peau, qu'il regardait comme le siége du tempérament tempéré.

Il reconnaissait, en outre, des *idiosyncrasies,* ou des modifications de tempéramens, par certaines propriétés individuelles et dépendantes de causes cachées.

L'application de cette doctrine à la connaissance des maladies était conforme à ses principes. Ainsi, lorsque les quatre élémens, le *feu,* l'*eau,* l'*air* et la *terre,* et les qualités primitives attachées à ces élémens, le *froid,* le *chaud,* le *sec* et l'*humide,* sont en équilibre, ou dans une juste proportion, il en résulte une *juste température* qui constitue l'état sain. Mais, lorsqu'un des élémens, ou une des qualités primordiales, augmente ou diminue, il en résulte *une intempérie* qui suspend ou al-

tère plus ou moins les fonctions, et qui constitue la maladie. De sorte que, pour conserver
la santé, il faut appliquer les semblables à
leurs semblables ; employer la chaleur pour
entretenir le chaud, et les choses humides
pour conserver l'humidité, etc. Les règles de
thérapeutique se réduisent à traiter les contraires par leurs contraires ; de sorte que les
alimens et les médicamens sont distingués en
chauds, froids, secs et *humides.*

La doctrine de Galien n'est, comme on le
voit, que celle d'Hippocrate embellie de la
théorie des élémens. Rien n'était plus bril-
lant, plus entraînant, rien ne plaisait autant
à l'imagination que ces idées de *quatre élémens,*
de *quatre qualités primordiales,* de *quatre tempéramens,* de *quatre âges,* de *quatre saisons,*
qui se correspondaient et qui simplifiaient
ainsi l'étude de la nature. Ce n'est que très-
lentement que l'on a apprécié l'imperfection
de ces brillantes théories.

CHAPITRE III.

Théorie de Stahl.

La théorie de Stahl est toute mécanique et humorale; on la trouve exposée, principalement, dans deux thèses soutenues sous sa présidence. Il déduit les tempéramens de la texture des solides et des différens degrés de consistance des humeurs; ou plutôt de la proportion entre la consistance des fluides et le diamètre des vaisseaux, et de la difficulté plus ou moins grande des fluides à parcourir leurs canaux; d'où résulte le caractère de l'esprit et les inclinations de l'âme, qui répondent à chaque tempérament, et qui tiennent au sentiment de bien-être ou de malaise que lui fait éprouver l'exercice plus ou moins pénible de la circulation.

Ainsi, dans le *sanguin*, les solides étant d'une texture spongieuse, le sang riche et délié les parcourant librement; les fonctions vitales s'exécutent avec une grande facilité, l'âme en conçoit un sentiment de sécurité qui donne un caractère gai, décidé et franc. Ce tempérament se reconnaît à une figure pleine, à des membres charnus et à un teint fleuri.

Le *tempérament lymphatique*, au contraire, présente des chairs lâches et une couleur pâle. Ce tempérament est aussi dû à des solides d'une texture spongieuse; mais le sang, au lieu de molécules rouges et actives, contient une trop grande quantité de molécules aqueuses et froides qui amollissent les organes, et leur ôtent la force d'exécuter leurs fonctions avec énergie : de là, le sentiment de faiblesse qu'éprouve l'âme; de là, le caractère indolent, timide, incapable, indifférent.

Dans *le tempérament mélancolique*, les vaisseaux qui forment le tissu des solides sont amples, spacieux, mais les humeurs sont excessivement épaisses; la nature craint qu'elles ne perdent leur aptitude à circuler, et ne subissent tôt ou tard un arrêt funeste : de là, une sollicitude continuelle qui se manifeste dans l'individu, et qui lui donne le caractère méfiant et timide. On le reconnaît à une teinte rembrunie, à une maigreur extrême.

Le *tempérament bilieux* est maigre aussi ; mais son visage est vif et vermeil, la texture des solides est compacte et serrée ; le calibre des vaisseaux est assez grand ; mais le sang

est très-fluide et très-mobile par la grande
quantité des parties sulfureuses qu'il contient, il y circule avec rapidité, et toutes les
autres fonctions s'exécutent avec promptitude ; de là, l'audace et la grande activité de
toutes les actions.

Cette doctrine ingénieuse a eu beaucoup
moins de partisans que celle des humoristes
absolus ; mais nous trouverons encore, dans
les physiologistes les plus modernes, la plupart des explications mécaniques les plus gros-
sières de la théorie de Stahl.

CHAPITRE IV.

Théorie de Haller.

HALLER prit pour base de sa distinction des tempéramens, le degré de force et d'irritabilité des parties solides ; 1°. des solides résistans, unis à une irritabilité développée, constituent le *tempérament bilieux* ; 2°. la réunion de peu d'irritabilité, jointe à une fibre énergique, forme le *tempérament sanguin ou athlétique* ; 3°. la faiblesse des solides et une irritabilité très-développée, forment le *mélancolique* ; 4°. des solides faibles et peu irritables, appartiennent au *phlegmatique*.

Ce physiologiste avouait que ces circonstances ne pouvaient former que les principaux traits des tempéramens, et que chaque homme présentait une combinaison particulière de sensibilité et d'irritabilité ; qu'il y avait, ainsi, autant de tempéramens que d'individus. Haller est le premier qui ait cherché dans la proportion des solides et de l'irritabilité, l'explication des tempéramens des anciens ; et en cela, il a fait faire un pas à la science. *Niederhuber,* qui considérait les espèces ordinaires de tempéramens, comme de simples modifications de la force vitale, se rapprochait aussi beaucoup de Haller.

CHAPITRE V.

Théorie de Cabanis.

CABANIS , dans son Mémoire sur l'influence des tempéramens sur la formation des idées et des affections morales , admet six tempéramens simples , les quatre d'Hippocrate , un cinquième dont il prend l'idée dans Haller (le musculaire), et un sixième, le *nerveux.*

Sa doctrine est encore un mélange de toutes celles qui la précédèrent, un mélange de l'humorisme , du mécanicisme et du vitalisme ; il a seulement rattaché les tempéramens aux organes, mieux qu'on ne l'avait fait jusqu'à lui (1) ; mais en plaçant les passions dans le cœur , le foie , les organes génitaux et les poumons , il a fait jouer à ces organes les rôles les plus importans ; il a méconnu tout-à-fait l'influence

---

(1) On ne peut que regretter que Bordeu , qui a énoncé une idée si lumineuse sur les tempéramens , ne l'ait pas développée : « Chaque sujet a ses organes prédominans » (dit-il); en les réduisant à certaines classes , on trouve- » rait peut-être ce qu'on cherche tant sur les tempéra- » mens. » (*Recherches anatomiques sur la position des glandes* » *et sur leur action.*)

cérébrale; il n'a fait qu'apercevoir *les rapports du volume des organes avec leur énergie;* et par suite, il n'a pu donner aucun signe positif pour reconnaître, par l'examen des organes, le degré d'énergie de leurs fonctions; de sorte que l'on conçoit qu'il ait pu dire : » *Que les signes et les circonstances du tempérament ne peuvent pas être regardés comme des indices toujours certains ; qu'avec la physionomie et les formes organiques ou physiognomoniques d'un tempérament, on peut avoir un tempérament tout contraire, et que souvent le médecin a besoin d'un coup-d'œil très exercé pour ne pas s'y laisser tromper complètement.* » (1)

Ce physiologiste donne l'explication des tempéramens *sanguin, bilieux, lymphatique* et *mélancolique,* d'après la proportion des solides et des fluides, la quantité et la qualité des humeurs, le développement et la force ou la faiblesse des poumons, du cœur, du foie et des organes génitaux, d'après les communications sympathiques de ces organes entr'eux, la souplesse et la tension des solides.

Les deux derniers tempéramens . le *muscu-*

(1) Cabanis , *Rapports du physique et du moral de l'homme ;* 3.ᵉ édit. , tome I.ᵉʳ , page 367.

laire et le *nerveux*, résultent des prédominances réciproques de ces deux systèmes l'un sur l'autre.

Mais examinons chaque tempérament en particulier.

Le tempérament sanguin. « La vaste capacité
» de la poitrine, le grand volume du pou-
» mon, et celui du cœur qui l'accompagne or-
« dinairement, produisent une plus grande
» chaleur vitale, et une sanguification plus ac-
» tive. Joignez à ces circonstances, des fibres
» médiocrement souples, et un tissu cellu-
» laire médiocrement abreuvé ; vous aurez les
» dispositions intellectuelles douces, aimables,
» heureuses et légères du tempérament san-
» guin des anciens. (1) » On pourrait croire,
d'après ces caractères, que ce tempérament est constitué par la prédominance de la poitrine, mais il n'en est point ainsi ; car, nous verrons que ce physiologiste, la trouve aussi développée dans le *lymphatique*, et plus encore dans le *bilieux*. L'observation démontre que les caractères anatomiques attribués à ce tempérament peuvent exister avec des caractères physiologiques opposés ; en outre, quels rap-

(1) Cabanis. *Table analytique*, tome 1.er , pag. LXIII.

ports peut-on trouver entre une *poitrine vaste*, des *fibres médiocrement souples*, un *tissu cellulaire* médiocrement abreuvé, et des dispositions intellectuelles *douces, aimables, heureuses* et *légères ?* Mais telle est l'explication que nous en donne Cabanis : « ...Des extrémités nerveuses, épa- » nouies au milieu d'un tissu cellulaire qui » n'est ni dépourvu de suc muqueux, ni sur- » chargé d'humeurs inertes, et sur des mem- » branes médiocrement tendues, doivent ré- » cevoir des impressions vives, rapides, faciles : » Puisqu'elles sont faciles, elles doivent être » variées ; puisqu'elles sont rapides, elles doi- » vent se succéder sans cesse ; enfin, puisqu'elles » sont vives, elles doivent aussi s'effacer sans » cesse mutuellement. Exécutés par des mus- » cles souples, par des fibres dociles, et qu'en » même temps imprègne une vitalité considé- » rable, une vitalité partout égale et constante ; » les mouvemens acquerront la même facilité, » la même promptitude, qui se manifestent dans » les impressions. L'aisance des fonctions don- » nera un grand sentiment de bien-être ; les » idées seront agréables et brillantes, les af- » fections bienveillantes et douces. Mais les ha- » bitudes auront peu de fixité : il y aura quel- » que chose de léger et de mobile dans les af-

2

» fections de l'âme : l'esprit manquera de pro-
» fondeur et de force. » (1) Nous sentirons
mieux , plus tard , tout le vague de cette élé-
gante description ; du reste , les explications
toutes mécaniques , qui considèrent le corps
humain comme *un instrument à corde*, se ré-
futent aujourd'hui d'elles-mêmes.

Le tempérament bilieux.— «Maintenant, joi-
» gnez à cette vaste capacité de la poitrine , et à
» ce grand volume du poumon et du cœur, un
» foie volumineux aussi, fournissant une grande
» quantité de bile ; joignez encore à tout ce qui
» précède , une grande énergie des organes de
» la génération, qui en est la conséquence or-
» dinaire : il s'ensuivra des membranes sèches
» et tendues, une plus grande chaleur, une
» plus grande vivacité de circulation , des vais-
» seaux d'un plus grand calibre, et une masse
» de sang plus grande encore que dans le tem-
» pérament sanguin proprement dit :

» De là , résulteront encore ces dispositions
» violentes et ardentes, et ce sentiment habi-
» tuel de mal-être et d'inquiétude, qui consti-
» tuent le tempérament bilieux des anciens (1).»

(1) Tome I.er , pag. 370 et 371.
(2) Table analytique , page LXIII.

Le grand développement de la poitrine, et le volume considérable du foie, ne sont, dans ce tempérament, que des caractères accessoires, puiqu'ils se retrouvent, en partie, dans le sanguin, et en totalité, dans le pituiteux; mais l'auteur admet que *c'est l'énergie des fonctions du foie et des organes génitaux, et surtout l'activité de la bile et de la liqueur séminale, la tension et la roideur des fibres des systèmes qui déterminent tous les caractères du bilieux.*

«Puisque les membranes, dit-il, sont sèches » et tendues, et que l'activité des liqueurs bi- » lieuse et séminale augmente la sensibilité » des extrémités nerveuses, les sensations, je » le répète, seront donc extrêmement vives. » Leur transmission de la circonférence au cen- » tre, la réaction du système nerveux, la dé- » termination et l'exécution des mouvemens » rencontreront partout des résistances dans la » roideur des parties; mais toutes les rési- » stances seront énergiquement vaincues par » cette force plus grande de la circulation, » dont nous venons de parler. Ainsi, les im- » pressions seront aussi rapides, aussi chan- » geantes que dans le tempérament sanguin. » Comme chacune aura un degré plus consi- » dérable de force, elle deviendra momentané-

2..

» ment plus dominante encore. De là, résultent
» des idées et des affections plus absolues, plus
» exclusives, et en même temps aussi plus in-
» constantes.

» Cependant les résistances qui se font sen-
» tir dans toutes les fonctions, le caractère âcre
» et ardent que les dispositions, ou la quantité
» de la bile impriment à la chaleur du corps,
» l'extrême sensibilité de toutes les parties du
» système, donnent à l'individu un sentiment
» presque habituel d'inquiétude (1). »

On retrouve, dans ces idées, les théories
humorales d'Hippocrate et de Galien, la mécanique de Stahl; mais aucune connaissance positive des fonctions des organes, et surtout
de celles de l'encéphale. Nous verrons, plus
tard, que les caractères moraux que Cabanis
attribue ici à *l'âcreté de la bile* et à *l'activité de
la liqueur séminale,* sont dus à *la prédominance
du cerveau,* qui s'observe, en effet, fréquemment avec le groupe de signes qui distinguent
le *bilieux*; car nous démontrerons, que le cerveau est l'organe exclusif de l'intelligence et
des passions, que le foie n'a d'autres fonctions
que de sécréter la bile, et ce liquide d'au-

(1) Tome I.er, pag. 375 et 376.

tre action que d'aider à la formation du chyle
dans le canal intestinal. Un auteur moderne
a dit fort plaisamment à ce sujet, qu'il était
étonné, que les physiologistes qui ont admis un
tempérament résultant de la prédominance du
foie et de la bile, n'en n'aient pas admis un autre résultant de la prédominance des reins et
de l'urine.

Tempérament pituiteux. — « Au contraire,
» si vous supposez une grande mollesse dans
» les fibres, peu d'énergie dans le foie et
» dans les organes de la génération, ou une
» faible activité originaire du système ner-
» veux, toujours avec une grande capacité de
» la poitrine, le poumon, malgré son grand
» volume, demeurant inerte ou empâté, pro-
» duira peu de chaleur et de circulation ; et
» vous verrez paraître le caractère phlegmatique
» ou pituiteux, avec sa douceur, sa lenteur, sa
» paresse, son inactivité dans toutes les fonc-
» tions physiques et intellectuelles, et les ca-
» ractères ternes qui les manifestent à l'exté-
» rieur (1). »

Dans ce tempérament, le volume des orga-

(1) Table analytique, page LXIV.

nes n'indique plus leur énergie; car, quoique la poitrine soit aussi développée que dans le sanguin et dans le bilieux, la circulation et la chaleur ne sont plus considérables, toutes les fonctions sont languissantes : ce défaut de force est dû, selon cet auteur, à ce que *les fibres sont originellement plus molles, et surtout, à ce que les organes de la génération et le foie manquent d'énergie :* « Si donc l'humeur séminale » et la bile sont filtrées en quantité plus faible, » ou ne se trouvent pas douées de toute l'éner- » gie convenable, la puberté, la jeunesse et » les premières années de l'âge mûr n'amèneront » pas les changemens dont nous venons de par- » ler. Nous savons, par des observations très- » sûres, que la présence de ces deux humeurs, » non-seulement aiguise la sensibilité, donne » plus de ton aux fibres; mais en outre, qu'elle » favorise la production de la chaleur, soit di- » rectement et par elle-même, soit indirecte- » ment, en stimulant toutes les fonctions, no- » tamment la circulation des différens fluides » vitaux. Ainsi, dans le cas donné, la circula- » tion sera plus lente et la chaleur plus faible. » Il s'ensuit que les résorptions se feront mal ; » et par conséquent les sucs muqueux s'accu- » muleront; que les coctions assimilatoires se-

» ront incomplètes ; et par conséquent l'abon-
» dance des sucs muqueux ira toujours en crois-
» sant. Ces sucs épanchés de toutes parts, gê-
» neront et affaibliront de plus en plus les vais -
» seaux , ils engorgeront les poumons ; ils dé-
» graderont immédiatement , dans leur source ,
» la sanguification et la production de la cha-
» leur.

» Mais leurs effets ne s'arrêtent pas là. Bien-
» tôt ils émoussent la sensibilité des extrémités
» nerveuses ; ils assoupissent le système cérébral
» lui-même ; enfin, les fibres charnues, que ces
» mucosités inondent, et qui ne se trouvent solli-
» citées que par de faibles excitations , perdent
» graduellement leur ton naturel ; et la force
» totale des muscles s'énerve et s'engourdit (1). »

On voit que les caractères attribués à ce
tempérament , sont considérés comme résultant principalement du peu d'énergie de la
bile et de la liqueur séminale, quoique ces
humeurs soient très-abondantes et que leurs
organes soient très-developpés. Les réflexions
faites sur le tempérament précédent , sont encore toutes applicables à celui-ci : d'abord,
les caractères anatomiques n'entraînent pas

_____

(1) Tome 1.er , page 380.

toujours les dispositions physiologiques énoncées dans la description de ce tempérament ; et dans les cas où ces caractères se trouvent réunis, la faiblesse morale et physique est évidemment due à l'infériorité de volume et d'énergie du cerveau et des organes thoraciques, relativement à ceux de l'abdomen qui prédominent, et qui donnent un volume énorme à tout le corps ; souvent même le thorax paraît contenir des organes plus développés qu'ils ne le sont réellement.

Tempérament mélancolique. — « Tandis que
» si, dans le tempérament bilieux si fortement
» prononcé, vous substituez seulement à la vaste
» capacité de la poitrine, une constriction ha-
» bituelle du poumon et de la région épigas-
» trique, les résistances deviendront supé-
» rieures ; la circulation sera pénible et em-
» barrassée ; et la liqueur séminale devenant
» le principe presque unique de l'activité du
» cerveau, vous verrez naître le tempérament
» mélancolique, avec son caractère chagrin,
» ses extases, ses chimères (1). »

Mais c'est dans ce tempérament que la théorie est tout-à-fait mécanique :

(1) Table analytique, page LXIV.

« Les causes de résistance sont portées à leur
» dernier terme; cependant les moyens de les
» vaincre n'existent pas. La roideur originelle
» des solides est très-grande, et la langueur de
» la circulation fait que cette roideur s'accroît
» de plus en plus.... L'embarras de la circula-
» tion dans tout le système de la veine-porte,
» accru par les spasmes diaphragmatiques et
» hypocondriaques, rend suffisamment raison
» des lenteurs qu'éprouve la circulation géné-
» rale, de la difficulté de tous les mouvemens,
» du sentiment de gène et de mal-aise qui les
» accompagne, de ce défaut de confiance dans
» les forces (qui sont pourtant alors très-consi-
» dérables); enfin, des singularités dans la na-
» ture même des sensations, qui caractérisent
» le tempérament mélancolique....... Chez le
» mélancolique, c'est l'humeur séminale elle
» seule, qui communique une âme nouvelle aux
» impressions, aux déterminations, aux mou-
» vemens : c'est elle qui crée, dans le sein de
» l'organe cérébral, ces forces étonnantes, trop
» souvent employées à poursuivre des fantô-
» mes, à systématiser des visions (1). »

Cabanis, plein d'admiration pour la saga-

_____

(1) Tome I.er, pag. 383, 384 et 385.

cité et l'esprit observateur des anciens, pense
compléter leur doctrine, en ajoutant deux
tempéramens nouveaux, résultans de la prédominance réciproque du système nerveux
sur le musculaire, et du musculaire sur le
nerveux.

Tempérament nerveux. Il est difficile de se
faire une idée bien précise du tempérament
nerveux, dans Cabanis; car, après avoir énoncé
qu'il est caractérisé par la prédominance du
système nerveux sur le musculaire, il avoue
que ce tempérament est plutôt dû *à la prédominance de la sensibilité, qu'à celle du cerveau et
des nerfs;* car, ajoute-t-il : « Cet empire de la
» sensibilité est fréquemment caché dans les
» secrets de l'organisation cérébrale : il peut
» tenir à la nature, ou à la quantité des fluides
» qui s'y rendent, ou qui s'y produisent; à des
» rapports encore ignorés de l'organe sensitif
» avec les autres parties du corps.

. » Quelle que soit, au reste, sa source, ou sa
» cause, cet état se manifeste par des signes
» évidens, par des effets certains. L'action mus-
» culaire est plus faible; les fonctions qui de-
» mandent un grand concours de mouvemens
» languissent. En même temps, on observe
» que les impressions se multiplient, que l'at-

» tention devient plus soutenue, que toutes les
» opérations qui dépendent directement du
» cerveau, ou qui supposent une vive sympa-
» thie de quelque autre organe avec lui, ac-
» quièrent une énergie singulière. Cependant,
» les fonctions particulièrement débilitées en
» altèrent d'autres, de proche en proche. La
» vie ne se balance plus d'une manière conve-
» nable dans les diverses parties ; elle ne s'y
» répand plus avec égalité ; elle se concentre
» dans quelques points plus sensibles : et lors-
» que ce défaut d'équilibre passe certaines li-
» mites, il entraîne à sa suite, des maladies
» qui, non-seulement, achèvent d'altérer les
» organes affaiblis ; mais qui troublent, déna-
» turent la sensibilité elle-même.

» Cet état se remarque particulièrement dans
» les individus qui montrent une aptitude pré-
» coce aux travaux de l'esprit, aux sciences et
» aux arts (1). »

Voilà des caractères physiologiques évidemment dus à la prédominance ou à l'altération
du cerveau, quoique l'auteur prétende qu'ils
sont plutôt dus *aux sympathies des organes, ou
à une certaine cause cachée dépendante de l'action*

(1) Tome I.er , pag. 389 et 390.

d'organes éloignés qui agissent sur le cerveau.

Tempérament musculaire. Ce tempérament est le sixième et dernier admis par Cabanis. Il se distingue par la prédominance du système moteur sur le système sensitif; les muscles sont volumineux et forts; mais la sensibilité est obtuse. Il y a peu de capacité intellectuelle, et même de véritable énergie vitale. Contentons-nous de faire seulement remarquer ici, que, la prédominance d'un système général, tel que le *musculaire*, l'*osseux*, le *nerveux*, le *lymphatique*, le *celluleux*, etc., ne peut constituer un tempérament; que ces parties subalternes, sous la dépendance immédiate des grands organes splanchniques, ne peuvent apporter des différences assez importantes dans un individu, que pour constituer des *idiosyncrasies*, ou des prédominances d'une importance secondaire.

Enfin, nous ne pouvons plus nous y reconnaître, lorsqu'en terminant, Cabanis dit :

« Ces six tempéramens se mélangent et se » compliquent les uns avec les autres. Les pro- » portions de ces mélanges sont aussi diverses » que les combinaisons et les complications » elles-mêmes; et celles-ci peuvent être aussi » multipliées, que les divers degrés d'intensité

» et les nuances dont chaque tempérament est
» susceptible ; ou, pour ainsi dire, à l'in-
» fini (1). »

Du reste, il avoue un peu plus loin que,
« pour descendre aux exemples, et surtout
» pour le faire utilement, il faudrait se perdre
» dans les détails (2). »

(1) Tome I.er, pag. 398 et 399.
(2) *Idem*, pag. 399.

CHAPITRE VI.

Théorie de M. Richerand.

M. Richerand adopte à-peu-près les idées de Cabanis. Il donne une description détaillée de chaque tempérament, et fait quelques applications à la pathologie.

« On donne le nom de tempéramens, dit-il, à » certaines différences physiques et morales que » présentent les hommes, et qui dépendent de » la diversité des proportions et des rapports » entre les parties qui entrent dans leur orga- » nisation, ainsi que des degrés différens dans » l'énergie relative de certains organes (1). »

Il annonce ensuite, que la prédominance d'un système d'organe susceptible de modifier l'économie toute entière, constitue le tempérament; mais il ne reste pas long-temps fidèle à cette idée, car on le voit bientôt donner peu d'importance à la prédominance organique, dont il ne parle que d'une manière accessoire. On le voit, comme tous ses prédécesseurs,

(1) Nouveaux Elémens de Physiologie, 6.ᵉ édit., t. II, pag. 498.

rassembler des organes et des fonctions qui n'ont point de liaison; faire des groupes arbitraires de signes qu'il ne rattache point à leurs organes. C'est ainsi qu'il nous décrit le tempérament sanguin, qu'il regarde comme dû principalement à la prédominance du système circulatoire, quoique Stahl, Hallé, Cabanis, et M. Richerand lui-même, aient fait observer que le bilieux, et surtout le mélancolique, avaient ce système plus spacieux et plus développé que le sanguin.

« Si le cœur et les vaisseaux qui font circu-
» ler le sang dans toutes les parties jouissent
» d'une activité prédominante, le pouls sera
» vif, fréquent, régulier, le teint vermeil, la
» physionomie animée, la taille avantageuse,
» les formes douces, quoique bien exprimées,
» les chairs assez consistantes, l'embonpoint
» médiocre, les cheveux d'un blond tirant sur
» le châtain; la susceptibilité nerveuse sera
» assez vive et accompagnée d'une successibi-
» lité rapide, c'est-à-dire, qu'affectés aisément
» par les impressions que les objets extérieurs
» font sur eux, les hommes chez qui cet excès
» des forces circulatoires s'observe, passeront
» assez rapidement d'une idée à une autre idée;
» la conception sera prompte, la mémoire heu-

» reuse, l'imagination vive et riante; ils aime-
» ront les plaisirs de la table et de l'amour, joui-
» ront d'une santé rarement interrompue par
» des maladies....

» Pour que les caractères spécifiques du tem-
» pérament que nous venons de décrire se pré-
» sentent dans toute leur vérité, il faut que le
» développement modéré du système lympha-
» tique coïncide avec l'énergie du système san-
» guin, de manière que ces deux ordres d'or-
» ganes vasculaires soient dans un juste équi-
» libre.

» Les traits physiques de ce tempérament
» existent dans les belles statues de l'Antinoüs
» et de l'Apollon du Belvédère. Sa physiono-
» mie morale se dessine dans les vies de Marc-
» Antoine et d'Alcibiade. On en trouve dans
» Bacchus et les formes et le caractère... Bons,
» généreux et sensibles, vifs, passionnés, déli-
» cats en amour, mais volages, chez eux le
» dégoût suit de près la volupté.... Envain,
» celui que la nature a doué du tempérament
» sanguin, voudra renoncer aux volontés des
» sens, avoir des goûts fixes et durables, at-
» teindre, par des méditations profondes, aux
» plus abstraites vérités; dominé par ses dis-
» positions physiques, il sera incessamment ra-

» mené aux plaisirs qu'il fuit, à l'inconstance
» qui fait son partage; plus propre aux pro-
» ductions brillantes de l'esprit, qu'aux subli-
» mes conceptions du génie, son sang, qu'un
» vaste poumon imprègne abondamment de
» l'oxygène atmosphérique, coule avec aisance
» dans des canaux très-dilatables, et cette faci-
» lité dans le cours et dans la distribution de
» ses humeurs, est en même temps la cause
» et l'image des heureuses dispositions de son
» esprit (1) ».

Outre les explications toutes mécaniques de
Stahl, on retrouve encore, dans cette description, toutes les erreurs que nous avons signalées
dans Cabanis. En effet, quels rapports peut-
on trouver entre *la prédominance du cœur et
des gros vaisseaux; avec un embonpoint médiocre,
des cheveux d'un blond tirant sur le châtain, la
conception prompte, la mémoire heureuse, l'imagination vive et riante, la bonté, la générosité,
la sensibilité, la délicatesse en amour, l'inconstance?* etc.

Le cœur et les gros vaisseaux, ou la cavité
qui enveloppe ces organes, ne prédominent pas
dans les statues de l'Antinoüs et de l'Apollon

(1) Tome II, pag. 5o1, 5o2, 5o3 et 5o4.

du Belvédère. Ces chefs-d'œuvre représentent, au contraire, une juste proportion entre les cavités splanchniques et chaque partie du corps : c'est l'état mixte le plus parfait. Du reste, les phénomènes cérébraux attribués au *sang imprégné abondamment de l'oxygène atmosphérique*, sont, tantôt ceux d'un individu chez lequel les organes encéphaliques sont médiocrement développés ; d'autres fois, ceux d'un individu chez lequel ils dominent.

Le deuxième tempérament est *le musculaire ou l'athlétique*, qui, selon M. Richerand, est le résultat de l'exercice des muscles chez le sanguin. Les caractères organiques et fonctionomiques du tempérament *thoracique* très-prononcé, lui sont assignés ; mais les caractères moraux ne peuvent être ici considérés comme le résultat de la prédominance des muscles ; car il est impossible que cette prédominance produise autre chose qu'une grande force physique, et cette disposition ne peut être l'indice de l'absence d'intelligence et de passions, que lorsqu'elle se trouve avec un crâne étroit ou peu développé relativement, et cela n'a pas toujours lieu ; dans un grand nombre de cas, le crâne est proportionné, et l'on trouve, avec des muscles énormes, une intelligence supérieure : tels sont les individus que nous avons rangés dans la constitution *crânio-thoracique;* tels furent Socrate, Caton d'Utique, etc.

3.° *Tempérament bilieux.* « Si la sensibilité » est à la fois vive et facile à émouvoir, et qu'à » ces dons se joigne la puissance de s'arrêter » long-temps sur le même objet; si le pouls » est fort, dur et fréquent, les veines sous- » cutanées saillantes, la peau d'un brun incli- » nant vers le jaune, les cheveux noirs, l'em- » bonpoint médiocre, les chairs fermes, les » muscles prononcés, les formes durement » exprimées; les passions seront violentes, les » mouvemens de l'âme souvent brusques et » impétueux, le caractère ferme et inflexible. » Hardis dans la conception d'un projet, cons- » tans et infatigables dans son exécution.... » Comme l'amour, chez les sanguins, l'ambi- » tion est, chez les bilieux, la passion domi- » nante.... Ce tempérament est encore carac- » térisé par le développement précoce des fa- » cultés morales... (1). »

Tous ces caractères moraux, bien évidem- ment dus à la prédominance des organes en-

_____

(1) Tome II, pag. 505, 506, 507 et 508.

3..

céphaliques, sont cependant, selon M. Richerand, l'effet *d'un excessif développement du foie, d'une surabondance marquée des sucs biliaires existant le plus souvent avec cette constitution du corps, dans laquelle le système vasculaire sanguin jouit de la plus grande énergie au préjudice du système cellulaire et lymphatique.*

4°. *Tempérament mélancolique.* — « Lorsqu'au tempérament bilieux se joint l'obstruction maladive de quelqu'un des organes de l'abdomen, un dérangement quelconque dans les fonctions du système nerveux, que les fonctions vitales s'exécutent d'une manière faible ou irrégulière, la peau se teint d'une couleur plus foncée, le regard devient inquiet et sombre, le ventre paresseux, toutes les excrétions difficiles ; le pouls dur et habituellement serré, le mal-aise général influe sur la teinte des idées, l'imagination devient lugubre, le caractère soupçonneux. Les variétés excessivement multipliées que peut offrir ce tempérament, appelé, par les anciens, mélancolique ou atrabilaire, la diversité des circonstances qui peuvent le produire, telles que les maladies héréditaires, de longs chagrins, des études opiniâtres, l'abus des voluptés, etc. doivent faire adopter

» l'opinion que Clerc a émise dans l'Histoire
» naturelle de l'homme malade, où il regarde
» le tempérament mélancolique moins comme
» une constitution naturelle et primitive, que
» comme une affection morbifique, héréditaire
» ou acquise (1). »

Les caractères de Louis XI, de Tibère, du
Tasse, de Pascal, de J.-J. Rousseau, de Gil-
bert, de Zimmermann, sont donnés pour
exemples du moral de ce tempérament, dans lequel il n'est nullement fait mention de caractères organiques, ou du moins, que de ceux
attribués au bilieux dont les organes abdominaux sont *obstrués* et le *système nerveux malade.*
M. Richerand avoue qu'il est extrêmement difficile de peindre ce tempérament d'une manière
générale ou abstraite; aussi, préfère-t-il en donner des exemples tirés des grands hommes que
nous venons de citer. Mais il est évident que les
caractères moraux, ou, pour parler plus physiologiquement, que les phénomènes cérébraux,
sont, dans ce tempérament, tantôt ceux d'un
individu chez lequel l'encéphale domine; et
tantôt un état maladif qui peut se retrouver
dans toutes les autres constitutions.

(1) Tome II, page 509.

5º. *Tempérament lymphatique.* — « Si la pro-
» portion des liquides aux solides est trop con-
» sidérable, cette surabondance des humeurs,
» qui est constamment à l'avantage du système
» lymphatique, donne à tout le corps un volume
» considérable, déterminé par le développement
» et la réplétion du tissu cellulaire. Les chairs
» sont molles, l'habitude décolorée, les che-
» veux blonds ou cendrés, le pouls faible, lent et
» mou, les formes arrondies et sans expression,
» toutes les actions vitales plus ou moins lan-
» guissantes, la mémoire infidèle, l'attention
» peu soutenue. Les individus qui présentent
» ce tempérament, auquel les anciens don-
» naient le nom de *pituiteux*, et que nous nom-
» merons *lymphatique*, parce qu'il dépend réel-
» lement de l'excès de développement de ce
» système, ont, pour la plupart, un penchant
» insurmontable à la paresse, répugnent aux
» travaux de l'esprit comme à l'exercice du
» corps. Chez les pituiteux, les parties aqueuses
» dominant dans le fluide qui doit porter par-
» tout la chaleur et la vie, la circulation s'ef-
» fectue avec lenteur, l'imagination en est re-
» froidie, les passions excessivement modé-
» rées (1) » ; il cite *Montaigne* pour exemple,

(1) Tome II, pag. 516, 517 et 518.

Il n'est plus encore question d'organes dans ce tempérament qui est tiré des proportions des solides et des fluides, de la prédominance des vaisseaux et des fluides lymphatiques, de celle des parties aqueuses dans le sang; c'est ce qui, d'après lui, *ralentit la circulation, et refroidit l'imagination*. Du reste, on verra que ces caractères encéphaliques correspondent au tempérament dans lequel ces derniers organes ont la plus grande infériorité.

6e. *Tempérament nerveux.* — « Cette propriété
» qui fait que nous sommes plus ou moins sen-
» sibles aux impressions que reçoivent nos or-
» ganes, faible chez les pituiteux, presque nulle
» dans les athlètes, modérée dans ceux qui sont
» doués d'un tempérament sanguin, assez vive
» chez les bilieux, lorsqu'elle est excessive, con-
» stitue le tempérament nerveux, rarement na-
» turel ou primitif; mais le plus souvent acquis
» et dépendant d'une vie sédentaire et trop inac-
» tive, de l'habitude du plaisir, de l'exaltation
» des idées entretenue par la lecture des ouvra-
» ges d'imagination, etc. On reconnaît ce tem-
» pérament à la maigreur, au peu de volume
» des muscles mous et comme atrophiés, à la
» vivacité des sensations, à la promptitude et la
» variabilité des déterminations et des juge-

» mens... Le tempérament nerveux, comme
» le mélancolique, est moins une constitution
» naturelle du corps que le premier degré d'une
» maladie... Voltaire et le grand Frédéric, peu-
» vent être donnés comme des exemples du
» tempérament nerveux (1). »

Puisque cet état est maladif, comme M. Richerand et la plupart des physiologistes l'ont
fait observer, il ne devrait pas figurer au
nombre des constitutions. Ce tempérament
n'a, pas plus que les précédens, de caractères
organiques, on indique seulement *la maigreur*
et le *peu de volume des muscles* ; ces caractères
peuvent se retrouver indistinctement dans plusieurs tempéramens, ainsi que les phénomènes
morbides qui lui sont assignés.

M. Richerand termine en disant : « qu'il
» est infiniment rare de rencontrer des indi-
» vidus qui présentent, dans toute leur pureté,
» les caractères assignés aux divers tempé-
» péramens : les descriptions qu'on en donne,
» portent sur une collection d'individus qui
» ont entre eux de grandes ressemblances;
» leurs caractères sont de pures abstractions
» qu'il est difficile de réaliser, parce que tous

(1) Tome II, pag. 518, 519 et 520.

» les hommes sont à la fois sanguins et bilieux,
» sanguins et lymphatiques, etc. Ici, les physio-
» logistes ont imité cet artiste qui réunit dans la
» statue de la déesse de la beauté mille perfec-
» tions que lui offraient séparées les plus belles
» femmes de la Grèce (1). »

Cependant il fait observer que la constitution sanguine est directement opposée à la mélancolique et s'allie peu avec elle, qu'il en est
de même de la bilieuse et de la lymphatique.

Pour les applications de cette doctrine aux
maladies, « les *sanguins* jouiront d'une santé
» rarement interrompue par des maladies ; et
» toutes, peu graves, modifiées par le tempé-
» rament, auront principalement leur siége
» dans le système circulatoire (fièvre inflam-
» matoire, ou angiéoténique ; phlegmasies, he-
» morrhagies actives), se termineront, lors-
» qu'elles seront à un degré modéré, par les
» seules forces de la nature, et réclameront
» l'emploi des remèdes appelés antiphlogisti-
» ques, parmi lesquels la saignée tient le pre-
« mier rang (1). »

« La constitution *athlétique* prédispose au

(1) Tome II, pag. 520.
(2) Tome II, pag. 501.

» tétanos (1). Les maladies auxquelles sont su-
» jets les individus du *tempérament bilieux*, pré-
» sentent, tantôt comme leur principal carac-
» tère; tantôt comme circonstance accessoire,
» ou complication, le dérangement de l'action
» des organes hépatiques joint à des altérations
» du liquide biliaire. Parmi les médicamens
» qu'on oppose à ce genre d'affections, les éva-
» cuans, et surtout les vomitifs, méritent la plus
» grande faveur (2).

» Les stimulans conviennent dans les person-
» nes pituiteuses ou lymphatiques, et les anti-
» spasmodiques dans les nerveuses (3). »

Contentons-nous de faire remarquer ici que
l'état actuel de la médecine ne peut plus per-
mettre ces applications.

(1) Tome II, pag. 519.
(2) Tome II, pag. 508.
(3) Tome II, pag. 519.

CHAPITRE VII.

Théorie de Hallé et des physiologistes les plus modernes.

Dans le Dictionnaire des Sciences médicales , article *Tempérament* (1821) , Hallé reproduit sa doctrine publiée à l'époque du renouvellement des Ecoles, dans le tome troisième des Mémoires de la Société médicale d'émulation, et développée dans la thèse inaugurale de M. Husson, en 1798.

Il définit les tempéramens : « Des différen-» ces entre les hommes, constantes, compati-» bles avec la conservation de la vie et le main-» tien de la santé, caractérisées par une diver-» sité de proportions entre les parties consti-» tuantes de l'organisation, assez importantes » pour avoir une influence sur les forces et les » facultés de l'économie entière (1). »

Il distingue les tempéramens en *généraux* et en *partiels*. Parmi les tempéramens géné-

(1) Dictionnaire des Sciences médicales , tome LIV , page 460.

raux, il reconnaît les quatre des anciens, qu'il explique par les proportions des systèmes vasculaire et lymphatique. Dans le système vasculaire, il comprend les artères, les veines et les capillaires, qui contiennent les liquides rouges; dans le lymphatique, l'ensemble des liquides blancs contenus dans les vaisseaux lymphatiques, les glandes, les ganglions lymphatiques, et le système aréolaire.

1° Les systèmes vasculaire et lymphatique, réunis dans de justes proportions, constituent un tempérament qui correspond au *sanguin*.

2° La prédominance du système lymphatique sur le système vasculaire, donne lieu au *pituiteux ou lymphatique*.

3° Celle du système vasculaire sur le lymphatique, donne lieu *au bilieux et au mélancolique*.

Telle est la manière dont Hallé considère les quatre tempéramens des anciens; mais il en distingue encore quatre autres, dont deux sont tirés de *la prédominance des humeurs sanguine et lymphatique*, en tant, qu'elles remplissent outre mesure leurs vaisseaux, de sorte qu'elles constituent ce que l'on appelle des *pléthores*; d'où les tempéramens *pléthorique sanguin et pléthorique lym-*

phatique, qui peuvent être *généraux ou locaux*. Les deux derniers sont tirés des proportions des nerfs avec les muscles, ou de la prédominance réciproque de la sensibilité sur la motilité, et de la motilité sur la sensibilité; d'où les tempéramens *nerveux, musculaire ou athlétique*.

Les tempéramens *partiels* sont divisés en deux classes, suivant qu'ils dépendent des dispositions spéciales de quelques viscères ou organes particuliers. Dans la première classe se rangent les dispositions qui naissent de la prédominance de la pléthore, soit sanguine, soit lymphatique, vers telle ou telle partie, et ordinairement dans un rapport marqué avec l'âge et le sexe. Dans la deuxième, on trouve: le tempérament pituiteux caractérisé par l'abondance de la sécrétion muqueuse, et que les anciens n'avaient point séparé du tempérament phlegmatique; le bilieux partiel, caractérisé par la surabondance de la bile; et un grand nombre d'autres, dont chacun pourrait être rapporté à l'activité prédominante d'une fonction exercée par un des organes de l'économie, comme la peau, l'estomac, les parties génitales.

Ce physiologiste partage, en outre, les hommes en *faibles* et en *forts*, entendant par force cette disposition qui nous fait résister à l'action des causes nuisibles, ou propres à engendrer les diverses maladies; et par faiblesse, une disposition contraire qui donne beaucoup de prise aux causes fâcheuses. Chacune de ces dispositions pouvant se trouver dans chacun des tempéramens généraux et partiels; mais ces dispositions n'ont point de caractères physiques auxquels on puisse les reconnaître.

Ainsi, les huit tempéramens généraux sont tirés de la proportion et de la prédominance réciproques des systèmes sanguin et lymphatique, nerveux et musculaire; de la proportion des humeurs sanguine et lymphatique.

Les tempéramens partiels sont tirés de la prédominance locale du sang, ou de la lymphe, et de l'activité d'un organe en particulier.

Nous nous serions borné au simple exposé de cette doctrine, pour en laisser apercevoir tout le vague et l'incertitude, si, admise aujourd'hui dans les écoles, elle ne nous était encore proposée comme un modèle à suivre.

Plusieurs physiologistes de nos jours, abandonnant tout ce qu'il y a d'humorisme dans cette doctrine, n'admettent que les *tempéra-mens sanguin , lymphatique , nerveux et mus-culaire ,* résultant de la prédominance des systèmes vasculaire, lymphatique, nerveux et musculaire. On peut leur demander, avec raison, pourquoi ils n'ont point aussi reconnu des tempéramens *séreux, fibreux, osseux,* et surtout *cellulaire et muqueux;* ces systèmes étant aussi répandus et aussi importans?

Cette doctrine n'a pu naître et se propager qu'à une époque où toutes les idées étaient dirigées sur l'anatomie des tissus, en exagérant les résultats des belles découvertes de Bichat, on en a fait de fausses applications. En effet, en examinant les comparaisons établies entre les proportions des systèmes sanguin et lymphatique , nerveux et musculaire , on ne trouve aucune application positive à la médecine (1); et si l'on se rappelle, en outre, les caractères assignés aux tempéramens sanguin, bilieux, lymphatique et mélancolique, et que l'on cherche à se rendre raison de ces carac-

---

(1) Les applications des doctrines des tempéramens à la médecine pratique ont été jusqu'à ce jour tout-à-fait empiriques; mais espérons que l'empirisme , indigne de l'époque où nous vivons, disparaîtra bientôt.

tères par les comparaisons des proportions des systèmes vasculaire et lymphatique, l'esprit, fatigué dans le vague de cette théorie, se perd et se confond.

Comment des systèmes généraux, qui ne sont qu'accessoires, qui ne sont que des instrumens des grands organes splanchniques, peuvent-ils influencer tout le corps?

Comment la prédominance du système vasculaire sanguin, peut-elle produire tous les caractères assignés au bilieux, selon les uns, et au sanguin, selon les autres?

Ces caractères peuvent coïncider, sans doute, avec un grand développement du système vasculaire sanguin; mais, outre que cela n'a pas toujours lieu, la prédominance de ce système ne peut être cause de ces phénomènes; car on ne peut concevoir les effets de la prédominance d'une partie quelconque que par la considération de ses fonctions. Or, les artères, les veines, les capillaires, n'ont pour fonctions que de contenir le sang et d'aider à sa distribution. Le cœur est seul l'organe actif, les vaisseaux ne sont que ses instrumens passifs, ne sont que des parties secondaires de l'organe central d'impulsion. Puisque c'est le poumon qui forme le sang, et le cœur qui le distribue,

ces organes doivent donc être les seuls influen-
çans tout ce qui a rapport à la circulation;
tandis que les vaisseaux et les capillaires qui
sont sous leur dépendance immédiate, et dont
les fonctions ne sont que passives, ne peuvent
influencer directement aucun organe.

Nous n'entendons pas, pour cela, que ce
soit la prédominance du cœur et des poumons
qui donne les caractères assignés, selon les
uns, au sanguin, et, selon les autres, au bilieux et au mélancolique; car, outre que
nous avons déja prouvé, que les caractères
assignés à ces tempéramens sont des groupes
arbitraires de signes, des états de fonctions
que l'on ne rattache point à leurs organes;
nous verrons que le cœur et les poumons ne
peuvent avoir d'influence que par la prédominance ou l'infériorité de leurs fonctions,
de la sanguification et de la circulation san-
guine.

C'est donc en précisant les fonctions des organes, que l'on peut se rendre compte des limites des effets de leur prédominance; car ce que
nous venons de dire du système vasculaire peut
s'appliquer au lymphatique, au nerveux, au
musculaire. Il est donc aussi impossible qu
la prédominance des vaisseaux et des ganglions

4

lymphatiques puisse produire le groupe de signes attribués au tempérament lymphatique, puisque ces organes n'ont pour fonctions que de confectionner et de transmettre les fluides blancs dans la masse du sang. Leur grand développement ne peut produire qu'une grande énergie de ces actions, et pas autre chose; car il ne peut avoir d'influence directe sur les fonctions des grands organes splanchniques, et surtout sur le caractère moral ou les fonctions cérébrales.

Mais passons à un système dont les limites des fonctions ont été bien précisées dans ces derniers temps, *le système nerveux.* Il est aujourd'hui démontré que les nerfs, la moelle de l'épine, et le bulbe rachidien, ont des fonctions différentes de celles du cerveau; que les nerfs n'ont pour fonctions que de transmettre les impressions du cerveau aux organes, et des organes au cerveau, de sorte que leur influence ne peut être relative qu'à la promptitude où à la lenteur de la transmission des impressions, et non à la susceptibilité, à la force, à la durée de ces impressions et à leurs combinaisons. Ces dernières dispositions sont évidemment dues au cerveau, et non aux nerfs; nous devons donc être étonné qu'un jeune et

très-distingué physiologiste ait pu s'exprimer
ainsi : « *L'état organique que l'on désigne sous*
» *la dénomination de tempérament nerveux, ne*
» *consiste pas plus dans la prédominance du vo-*
» *lume et d'activité du cerveau, que le cerveau ne*
» *constitue le système nerveux tout entier : les su-*
» *jets nerveux le sont dans tout leur corps. Ces*
» *irrégularités dans les phénomènes morbides,*
» *cette mobilité dans les irritations qui se dépla-*
» *cent ou s'exaspèrent si facilement, ces névroses*
» *qui se développent à l'occasion de causes irri-*
» *tantes si légères, soit dans les viscères, soit dans*
» *les membres, dépendent-elles de la prédominance*
» *du cerveau? Cette petite-maîtresse si nerveuse,*
» *si mobile, dont les spasmes sont si fréquens, se-*
» *rait fort étonnée d'être appelée crânienne, ou*
» *d'entendre dire que ses maladies dépendent du*
» *développement trop considérable d'un cerveau*
» *dont elle ne s'est, pour ainsi dire, jamais*
» *servie* (1). »

Nous nous contenterons de rappeler ici :
1° que les nerfs, la moelle de l'épine, et les
ganglions cérébraux, auxquels aboutissent les
nerfs des sens, ont un développement, dans

(1) Journal universel des Sciences médicales, avril
1821 , page 74 et suiv.

4..

l'homme et les animaux, en raison inverse de celui du cerveau et du cervelet; ces derniers sont les organes exclusifs des facultés et des passions, le point de départ des mouvemens volontaires; ils perçoivent les impressions transmises par les nerfs, qui, eux-mêmes, ne sentent point, à proprement parler, et ne sont que des moyens de communications du cerveau et du cervelet avec les organes.

2° Que les circonstances dans lesquelles le tempérament nerveux se développe, sont toutes celles dans lesquelles le cerveau lui seul, est le plus directement excité à agir; qu'ainsi, ceux qui l'exercent continuellement sans que, pour cela, les organes des sens participent à cet exercice, les hommes, en un mot, livrés aux sciences, aux orages des passions; les femmes oisives, agitées par l'intrigue et les désirs de toute espèce, sont ceux dans lesquels le tempérament caractérisé par la prédominance des organes crâniens, se développe le plus fortement et le plus facilement; qu'ainsi les caractères physiologiques et pathologiques du tempérament que l'on a appelé nerveux, sont dus à la prédominance ou à l'altération du cerveau, et non des nerfs.

Quant aux prédominances générales ou locales du sang ou de la lymphe, nous ne nous y
arrêterons pas ; ce ne sont que des exagérations
de développement des systèmes ou sanguin,
ou lymphatique, ou cellulaire ; ou des états
accidentels dépendans d'altérations morbides.

CONCLUSIONS.

D'APRÈS ce que nous avons vu dans cet examen, on peut conclure que l'idée que l'on s'est
faite jusqu'aujourd'hui des tempéramens, est
tout-à-fait vague et incertaine ; que les dénomi-
nations que l'on a religieusement conservées
sont même ridicules, puisque, 1° ce que l'on
appelle *tempérament sanguin*, est, de l'aveu des
physiologistes, moins sanguin que le bilieux
et le mélancolique ; 2° que le *bilieux* n'est dû,
ni à la prédominance de la bile et de son organe sécrétoire (Richerand et Cabanis) ; ni à
celle du système sanguin sur le lymphatique
(Hallé) ; 3° que les vaisseaux et les ganglions
lymphatiques n'entrent que pour très-peu
dans la formation de celui qui porte ce nom,

puisque des parties si secondaires ne peuvent avoir d'influence marquée sur les grands organes ; 4° que le *mélancolique* ne peut être dû, ni comme les anciens le pensaient, à *l'atrabile*, que l'on n'a jamais pu retrouver dans le cadavre ; ni à des vaisseaux spacieux qui contiennent des humeurs *trop épaisses* (Stahl) ; ni à l'extrême prédominance du système vasculaire sanguin sur le lymphatique (Hallé) ; ni à la liqueur séminale qui devient le principe presque unique de l'activité du cerveau (Cabanis); ni à *l'obstruction* maladive des organes abdominaux qui réagissent sur le système nerveux (M. Richerand).

Concluons donc encore, que la doctrine des tempéramens, telle qu'elle est professée aujourd'hui dans nos écoles, est un mélange de toutes celles qui ont existé depuis les premiers temps de la médecine; puisqu'on y retrouve encore les quatre tempéramens admis par Hippocrate, et ses théories humorales; les qualités sensibles des quatre élémens de Galien; la mécanique de Stahl, et l'irritabilité de Haller. Les physiologistes de nos jours, ont seulement rattaché davantage à l'organisation, la théorie des tempéramens; mais, en considérant l'ensemble du corps, et les systèmes généraux, en donnant à ces systèmes des fonctions qu'ils n'ont pas, et en faisant des groupes arbitraires de signes, ils ont fait des abstractions et des entités, comme les pathologistes l'avaient fait jadis pour les fièvres ; d'où les nombreuses variétés de descriptions du même tempérament, dans les différens auteurs qui en ont parlé ; d'où le vague dans la base, la classification, et surtout dans les applications des tempéramens aux maladies, aux âges, aux sexes, et aux variétés de l'espèce humaine (1).

En dirigeant mes recherches sur cette branche importante de la physiologie, mon étonnement a été extrême d'y trouver tant d'erreurs accréditées. Des observations nombreuses, vers lesquelles le hasard m'avait d'abord dirigé, s'étant trouvées en rapport avec mes recherches sur l'organisation et les fonctions ; je fus conduit naturellement, à considérer d'une manière tout-à-fait nouvelle les tempéra-

(1) Les physiologistes qui admettent que l'enfance est lymphatique, la jeunesse sanguine, l'âge adulte bilieux, la vieillesse mélancolique ; que la femme est plutôt lymphatique et l'homme sanguin, ont-ils des idées bien nettes et bien positives sur ces assertions ? n'admettent-ils pas des idées contradictoires ? en outre, dans quel tempérament rangent-ils le nègre et l'idiot ?

mens ou constitutions des êtres organisés et
de l'homme en particulier, et à former un système simple, d'une application facile et étendue.

Je ferai encore remarquer, que plusieurs
auteurs modernes, qui ont écrit sur les tempéramens, depuis la publication de mon Mémoire, se sont rapprochés de mes idées; mais
qu'ils ont toujours conservé les éternelles descriptions des tempéramens *sanguin*, *bilieux*,
lymphatique et mélancolique (1); de sorte que
l'on peut leur faire, dans le plus grand nombre des cas, les mêmes reproches que nous
avons signalés dans le cours de cet examen.

(1) Je dois cependant en excepter M. Rostan, qui,
dans son Traité Élémentaire d'Hygiène, n'a reconnu que
des prédominances organiques ; ce qui laisse d'autant plus
à regretter, que ce médecin, du reste si judicieux, ait encore conservé la plupart des erreurs accréditées sur ce
point de physiologie.

PHYSIOLOGIE

DES TEMPÉRAMENS

OU

CONSTITUTIONS.

~~~~~~~

PREMIÈRE PARTIE.

*De l'art de connaître l'énergie des fonctions;
ou de la fonctionomie (1).*

La *fonctionomie* a pour but la connaissance
de l'énergie des fonctions dans l'état de santé.
Cette science est une branche de la *physiologie,*
puisque cette dernière s'occupe, en général,
de tous les phénomènes de la vie, ou de toutes les actions organiques; c'est-à-dire, qu'elle

─────────

(1) Fonctionomie ou fonctiognomonie, est dérivé de
functio, fonction, et de γινώσκω, je connais.

comprend la connaissance du siége, du mécanisme, et des lois des fonctions ; tandis que la
fonctionomie s'occupe plus spécialement d'apprécier ou de reconnaître, par l'examen de
l'extérieur du corps, le volume et partant l'é-
nergie des organes : c'est donc la *physionomie
des fonctions ;* science bien différente de la *physionomie* proprement dite, dont le but est de
reconnaître le caractère moral de l'homme, par
des signes tirés de la conformation des différentes parties du corps, des gestes, des attitudes variées, et principalement des traits de
la face.

Par la *physionomie,* on ne cherche à reconnaître que l'état d'un seul groupe de fonctions
(de celles du cerveau) ; par la *fonctionomie,* on
reconnaît l'état de tous les organes et de leurs
fonctions. Les bases de la première sont vagues, incertaines et bornées ; tandis que celles
de la dernière sont claires, précises et éten-
dues.

La fonctionomie est la base de notre doctrine des tempéramens, et quoiqu'un journa-
liste se soit exprimé ainsi : « *La science dont il
» traite, malgré le nom de fonctionomie qu'il lui a
» imposé, n'est pas nouvelle ; tous les médecins
» qui ont écrit sur les tempéramens, ont indiqué*

» *les signes auxquels on peut les reconnaître* (1) »,
on ne confondra jamais la fonctionomie avec
ce que l'on a écrit sur les signes des tempéramens, et notre examen des doctrines suffit
déjà pour démontrer les différences de nos
idées avec celles de nos devanciers. De sorte
qu'il sera facile de se convaincre que la science,
dont le but est de reconnaître l'énergie des
fonctions de tous les êtres, par l'examen de
leurs organes, est véritablement une branche
nouvelle et distincte de la physiologie.

Je dois faire observer ici, que je ne présente-
rai point avec toutes leurs preuves, les nombreuses propositions que je vais réunir en corps
de science; car, outre que la plupart ont été
déja développées dans les ouvrages des physiologistes modernes, il faudrait plusieurs volu-
mes pour développer complètement une seule
de ces propositions. Quoi qu'il en soit, le
nouveau point de vue sous lequel je les présente, forme un tout, un ensemble, qui lie,
qui fortifie les idées déjà connues, et qui ras-
semble, en même temps, les preuves de plusieurs idées neuves de la plus haute impor-

----

(1) Journal universel des Sciences médicales, t. XXII,
page 71.

tance ; de sorte que je pense avoir rempli
mon but, en traçant le plan, et en fixant les
bases de cet édifice.

CHAPITRE PREMIER.

Des organes et de leurs fonctions dans l'homme et les animaux.

'NE nous égarons point dans de vaines théories ; ouvrons le grand livre de la nature ; qu'il soit notre seul guide pour étudier l'homme et les êtres organisés, et qu'il nous laisse découvrir quelques rapports encore cachés des organes et des fonctions.

Les corps vivans sont composés de matière disposée en organes, et ces organes en action, constituent la vie de l'être. Leur nombre et leur variété dans un même individu, indiquent ou produisent des actions aussi nombreuses et variées ; ou en d'autres termes, le nombre et la variété des fonctions sont en raison du nombre et de la variété des organes. Depuis la plante, bornée aux seules actions de se nourrir et de se reproduire au moyen d'un petit nombre d'organes très-simples, jusqu'à l'homme, dont les fonctions sont aussi nombreuses et compliquées que les organes le sont eux-mêmes, il y a une échelle immense à parcourir.

Chaque organe a une action particulière et distincte, selon sa nature et ses rapports avec les autres organes, car tous ont une action réciproque les uns sur les autres, tous s'aident mutuellement. Galien comparait le corps de l'homme aux forges de Vulcain, dont le feu, les soufflets, les enclumes, les marteaux, et, en un mot, toutes les pièces, étaient animées. Cette comparaison ingénieuse est applicable à tous les êtres organisés.

Quoique tous les organes dépendent les uns des autres, tous ne sont pas sous une dépendance réciproque égale; car, tandis que les uns ont une influence étendue, et sont de la plus grande importance pour le maintien de leur ensemble en action, les autres ne sont véritablement que leurs instrumens et ne deviennent qu'accessoires.

Les organes contenus dans le crâne, le thorax et l'abdomen, forment la partie importante du corps de l'homme et des animaux; ils constituent même, dans certains, la sphère et les limites de leur vie; de sorte que les muscles, les os, les artères, les veines, les vaisseaux lymphatiques et les nerfs, qui forment les membres ou appendices, ont pour premiers mobiles les organes des cavités splanchniques, et sont exclusivement sous leur dépendance. Ce sont leurs instrumens; c'est par eux qu'ils étendent leurs fonctions; mais ils peuvent être soustraits sans menacer la vie, sans même déranger les fonctions des grands organes. C'est avec admiration que l'on retrouve dans l'antique physiologie la première idée de ces vérités; elle admettait trois principes ou facultés : la faculté *animale* siégeait au *cerveau*, la faculté *vitale* au *cœur*, la faculté *naturelle* au *foie*. Toutes les autres actions étaient sous la dépendance de ces trois grandes facultés.

En examinant les organes renfermés dans les cavités splanchniques, on est frappé de l'analogie qui existe entre chaque groupe. Le crâne renferme ceux qui sont chargés de l'intelligence et des passions; le thorax ceux de la sanguification et de la circulation; l'abdomen ceux de la chylification et de la séparation des matières inutiles ou nuisibles aux fonctions. Chacun de ces groupes d'organes peut s'exercer et s'accroître isolément. Ainsi les organes crâniens ont la plus grande analogie sous les triples rapports de leur situation, de leur structure et de leurs fonctions.

Ceux du thorax ne sont pas moins analogues; le cœur et les poumons sont tellement liés entre eux par leurs fonctions, l'un en formant le sang, et l'autre en le distribuant, qu'ils ne peuvent agir l'un sans l'autre, et que l'altération de l'un entraîne celle de l'autre.

Quant à ceux de l'abdomen, ils ont aussi la plus grande analogie; tous sont le siége de sécrétions, et tous, ont pour but la chylification et l'évacuation des matières inutiles ou nuisibles à l'entretien de tous les organes ; car c'est dans l'abdomen que s'exécutent la chymification, la chylification, l'absorption du chyle, la sécrétion de la bile et du fluide pancréatique, la dépuration urinaire, la sécrétion du sperme, la fécondation et le développement du fœtus. Toutes ces actions ayant, en derniers résultats, pour but la préparation du principe nutritif, et la reproduction de l'individu.

On voit donc, d'après tout ce que nous avons dit, que les membres essentiellement formés par les muscles, les os, les artères, les veines, les vaisseaux lymphatiques et les nerfs, ne sont que des parties passives et obéissantes aux organes splanchniques.

Une conséquence naturelle de ces faits, et de ceux que nous verrons dans les chapitres

suivans, est que, plus les organes centraux
sont développés relativement à leurs instrumens, plus toutes les fonctions importantes
sont énergiques; tandis qu'au contraire, lorsque les membres prédominent et sont très-
étendus, les grands organes ayant une sphère
d'activité plus considérable, ont moins d'énergie ou leurs fonctions sont moins complètes.
Cela explique pourquoi les hommes de petite
taille, chez lesquels les cavités splanchniques
prédominent généralement sur les membres,
ont toutes les fonctions importantes plus énergiques que les hommes grands, chez lesquels
les extrémités sont généralement très-develop-
pées et prédominantes.

§ Ier.

Fonctions des organes crâniens ou encéphaliques.

*Le cerveau est l'organe exclusif de l'intelli-
gence et des passions* (1). Cette proposition
est prouvée d'une manière incontestable par

(1) Je ne parle point ici de la cause première de l'intelligence et des passions ; il est faux de dire que la connaissance des lois des fonctions cérébrales conduit à nier l'existence de l'ame immortelle : autant vaudrait conclure, que
la connaissance des lois de l'univers découvertes par New-
ton, conduit à nier celle de Dieu.

5

les considérations suivantes, déduites des faits constatés par les anatomistes et les physiologistes les plus recommandables de nos jours.

.° *L'intelligence et les passions ne se manifestent qu'à mesure que l'organisation du cerveau se perfectionne et se développe.*

Avant la naissance, l'encéphale n'est encore qu'une masse molle et pulpeuse; la fibre cérébrale ne commence à se former que dans les premiers mois, époque à laquelle les sensations et les volitions paraissent. Dès que le front se bombe en avant, que le cerveau acquiert un certain développement, l'attention, la mémoire, la comparaison se manifestent. Le cerveau s'accroît généralement jusqu'à l'âge de vingt ans et reste à-peu-près stationnaire jusqu'à quarante où il diminue; de même les facultés intellectuelles et les passions s'accroissent jusqu'à vingt ans; elles restent stationnaires dans leur force quoique modifiées dans leurs résultats jusqu'à quarante, époque à laquelle ces fonctions décroissent avec l'organe qui en est le siége ou l'instrument. Telle est la marche ordinaire du développement et de l'accroissement de l'organe et de ses fonctions; mais si l'accroissement de l'organe est arrêté ou avancé, on voit en même temps, ses fonctions arrêtées ou avancées. Par exemple, dans la première enfance, lorsqu'on trouve des excès de développement du cerveau, on observe en même temps une intelligence supérieure et des passions déjà énergiques, et si, au contraire, cet organe ne se développe pas, on trouve l'idiotisme. De même, à l'époque ordinaire de la décrépitude, quand les organes encéphaliques conservent leur volume et leur prédominance, les facultés et les passions conservent leur prédominance, et en partie leur énergie; je dis *en partie*, car, avec l'âge, ces organes s'usent comme tous les instrumens matériels.

2.° *Les idiots, qui sont non-seulement privés d'intelligence, mais même de toutes passions, ont le cerveau très-petit et mal conformé, relativement aux organes thoraciques et abdominaux et même aux sens qui sont souvent très-développés et très-énergiques. Les hommes de génie et passionnés, ont au contraire un cerveau prédominant sur tous les autres organes qui sont souvent peu développés, tandis que les sens sont quelquefois très-faibles et mal conformés.*

Si le cœur, les poumons, le foie, l'estomac, les intestins, les ganglions abdominaux, le dia-

phragme, les testicules, les organes des sens
étaient le siége des passions ou la cause de l'é-
tendue des facultés intellectuelles, la plupart
des idiots qui ont tous ces organes très-développés et bien conformés devraient avoir de
l'intelligence et des passions : il n'en est point
ainsi, le cerveau seul de l'idiot est étroit
comme ses idées. Willis, MM. Bonn, Pinel et
Gall rapportent plusieurs observations d'idiots,
dont les crânes étaient une fois moins grands
que ceux des hommes ordinaires.

Les Crétins, connus par les bornes étroites
de leur esprit, ont relativement bien moins de
cerveau que les autres hommes, surtout
les Européens. Parmi ces derniers, considérez
ceux qui se font remarquer par leurs grandes
facultés et leurs passions énergiques ; ils ont
tous un crâne vaste relativement à leur corps
sec et maigre (1).

(1) Les anciens avaient déjà bien senti les rapports d'un
vaste crâne avec une grande intelligence, ils nous représentent celui de Jupiter comme grossi de l'éternelle sagesse et rempli des destinées de l'univers. Ses sourcils avan-
cés au bas de son front bombé, font trembler l'Olympe
quand ils s'inclinent.

3.° *L'exercice immodéré des facultés intellectuelles et des passions produit d'abord la fatigue, que l'on rapporte naturellement au cerveau, et qui, portée au-delà de certaines bornes, produit directement des désordres dans cet organe.*

Après une méditation profonde, le sentiment de lassitude se rapporte naturellement à la tête, qui devient bientôt le siége d'une circulation plus active; si cet exercice est trop continu ou trop violent, le cerveau est promptement menacé de congestion, et par suite d'inflammation. Dans les passions, ou les désirs violens, la congestion a d'abord lieu au cerveau, elle ne se propage que consécutivement au cœur, d'où naissent les syncopes ou les palpitations. On connaît tous les désordres produits directement dans l'encéphale par l'excès des passions; les apoplexies, les manies, les mélancolies en sont les suites trop fréquentes; car, en recherchant, dans les auteurs, les causes qui ont déterminé ces maladies, on peut les rapporter toutes à l'exercice immodéré du cerveau.

4.° *L'altération du cerveau, ou de quelques-unes*
de ses parties, entraîne l'altération complète ou
partielle de l'intelligence et des passions, et,
par suite, toute altération de ces fonctions, in-
dique des altérations dans l'organe; de sorte
que l'intégrité du cerveau est nécessaire à la
production de l'intelligence et des passions.

L'observation constante des maladies, et de nombreuses expériences sur les animaux, ont mis hors de doute les différens points de cette proposition. Lorsque le cerveau est altéré, comprimé par une esquille, par du pus, de la sérosité ou du sang, l'intelligence et les passions sont partiellement ou en totalité supprimées ou perverties; et lorsqu'on a pu enlever la cause matérielle, on a vu de suite ces fonctions revenir à leur premier état : les preuves sont trop nombreuses et trop positives, pour laisser quelques doutes à cet égard; et nous pensons, avec les physiologistes modernes, que les faits que l'on a rapportés, dans lesquels il y a lésion du cerveau, sans lésion de l'intelligence et des passions, sont, ou faux, ou mal observés.

«On a dit que, dans des hernies du cerveau, on avait coupé quelques parties de la surface de l'organe sans nuire aux facultés.

» On a parlé de faits dans lesquels le cerveau
» était tout réduit en pus ; mais, dans le premier
» cas, d'abord, comme les fibres du cerveau sont
» verticales, on n'a enlevé que leurs extrémités
» dernières ; et peut-être alors restait-il assez
» de ces fibres pour exécuter la fonction? En-
» suite, a-t-on observé assez attentivement,
» pour assurer que toutes les facultés étaient
» conservées? On peut en dire autant du second
» cas : à coup sûr, ou l'on a mal observé la
» source du pus, qui ne provenait pas du cer-
» veau, ou l'on n'a pas remarqué les modifica-
» tions qui étaient survenues dans le moral ; et,
» en effet, pourquoi, dans les plaies de tête,
» la moindre altération organique suspendrait-
» elle toutes les facultés? En admettant la réa-
» lité de tels faits, qui bien plus probablement
» ont été mal observés, on pourrait même les
» expliquer encore par la duplicité du cerveau.
» Il y a, en effet, comme deux cerveaux, et
» peut-être qu'un des hémisphères continue
» son service, bien que l'autre soit altéré;
» comme on voit l'un des yeux continuer d'a-
» gir, quoique l'autre soit malade. MM. Gall
» et Spurzheim nous paraissent fort judicieux
» en cette question, lorsqu'ils établissent que
» jusqu'à présent on n'a pu juger qu'imparfai-

»tement des altérations du cerveau et de celles
»du moral Pour iuger des premières, il fal-
»lait, en effet . bien connaître la structure du
»cerveau, avoir egard à ses parties paires, au
»trajet que parcourent ses diverses fibres, aux
»fonctions particulières accomplies par ses di-
»verses dépendances ; et c'étaient autant
»de points sur lesquels on n'avait pas ,
»et sur lesquels on a à peine encore au-
»jourd'hui quelques notions. D'autre part,
»les perversions du moral sont souvent diffi-
»ciles à constater; souvent la limite entre la
»raison et la folie est difficile à poser; et, le
»plus souvent, dans les observations dont on
»argue, on n'a fait attention qu'aux qualités
»les plus générales : dès qu'on voyait le malade
»accepter les alimens, les médicamens qu'on
»lui présentait, répondre aux questions qu'on
»lui faisait, avoir la conscience de lui-même, on
»assurait que son moral était libre et sain. Qui
»ne sent combien un tel examen était insuf-
»fisant? On a surtout cité l'exemple d'hydro-
»céphales qui avaient conservé les facultés de
»leur esprit. Les fastes de la science en pré-
»sentent, en effet, quelques observations. Mais
»d'abord, il en est un bien plus grand nombre
»dans lesquelles les facultés sont perdues, ou

» au moins altérées, affaiblies. Ensuite, M. Gall
» explique ces faits rares, en établissant que,
» dans l'hydrocéphale le cerveau n'est pas dis-
» sous dans le fluide de l'hydropisie, comme on
» l'a dit, mais qu'il est seulement déplissé, dis-
» tendu par la présence de ce fluide; et, comme
» cette distension s'est faite avec beaucoup de
» lenteur et par une douce pression, l'organe
» peut s'y être habitué au point de pouvoir con-
» tinuer son service. On a parlé d'observations
» d'animaux dont les cerveaux, disait-on, étaient
» en entier ossifiés, et qui avaient néanmoins con-
» servé leurs facultés morales. Duverney le pre-
» mier présenta à l'Académie des sciences un
» de ces cerveaux ossifiés, pris sur un bœuf
» qui avait conservé ses facultés jusqu'à sa
» mort; et, depuis plusieurs exemples sembla-
» bles ont été observés. On disait avoir reconnu
» à l'extérieur de ces cerveaux, des traces de la
» faux, des circonvolutions, des vestiges de la
» membrane arachnoïde; et dans leur inté-
» rieur, après les avoir sciés, l'indice des deux
» substances grise et blanche, celui du centre
» ovale. Mais, dans le temps *Valisnieri* réfuta
» *Duverney*, et prouva à cet anatomiste que ce
» qu'il avait pris pour le cerveau ossifié n'était
» qu'une exostose qui s'était développée à la

» surface interne du crâne ; *Haller* ensuite pro-
» fessa la même opinion ; et aujourd'hui, c'est
» celle de tous les médecins. Comme l'exostose
» ne se développe qu'avec beaucoup de lenteur,
» qu'elle ne comprime que progressivement le
» cerveau, et que surtout le crâne s'agrandit tou-
» jours en même temps pour lui fournir un es-
» pace, ce qui en affranchit d'autant le cerveau,
» on peut concevoir pourquoi les facultés se
» sont quelquefois conservées ; mais encore,
» le plus souvent, cela n'arrive pas, et le
» bœuf est dans un hébêtement absolu. Enfin,
» on a argué d'expériences de *Duverney*, qui
» dit avoir enlevé à des pigeons le cerveau tout
» entier, sans qu'il en soit résulté aucune al-
» tération dans leurs facultés. Mais, ou l'expé-
» rience est fausse, ou *Duverney* n'avait enlevé
» que les couches superficielles de l'organe.
» Toutes les fois qu'on a répété l'expérience en
» pénétrant jusqu'aux parties profondes, elle
» a donné des résultats opposés (1). »

(1) Adélon, Physiologie de l'homme, t. 1.er, p. 524 et
suivantes.

5.° *La diversité et l'énergie des facultés et des pas-*
sions sont en raison de la complication et du
développement relatif du cerveau dans l'échelle
des animaux.

Dans les dernières espèces d'êtres, où l'on
n'observe qu'une sensibilité obtuse et bornée,
on ne trouve qu'un petit nombre de ganglions
auxquels aboutissent les nerfs de la peau et
du canal intestinal. Chacun des ces ganglions
est tellement indépendant dans son action,
qu'en partageant l'animal en autant de parties
qu'il existe de petits centres nerveux, chacune
de ces parties peut vivre isolément; c'est ce
que l'on a constaté dans les différentes espèces
de vers.

Dans les mollusques, où plusieurs sens existent assez développés, le goût, l'odorat, le
toucher, la vue, l'ouïe, on trouve autant de
ganglions agglomérés auxquels aboutissent les
nerfs de ces sens. Dans les reptiles et les poissons les ganglions des sens sont toujours bien
séparés et bien distincts, on en trouve deux
autres, *le cerveau et le cervelet* (ganglions de
l'intelligence et des passions), qui sont encore
peu développés ; mais ces derniers organes

prennent un développement plus considérable dans les oiseaux et les mammifères, et
surtout dans l'homme, le plus intelligent et le
plus passionné de tous les êtres.

Ajoutons enfin, pour dernières preuves,
que le cerveau est l'organe exclusif de l'intelligence et des passions, que si ces fonctions
avaient leur siége dans les organes thoraciques et abdominaux, dans le sang ou la bile ;
les animaux tels que le bœuf, l'éléphant, le
cheval, le chameau, la brebis qui ont ces
derniers organes plus développés et ces humeurs plus abondantes que l'homme, auraient
des facultés et des passions plus énergiques
que lui.

§ II.

Fonctions des organes thoraciques.

*Le poumon est l'organe de la sanguification,
et le cœur celui de la circulation.* Les expériences les plus positives, démontrent que le sang
veineux qui n'est qu'un mélange de lymphe, de
chyle, et de sang qui a déja servi aux organes,
est transformé en sang artériel en traversant
les poumons. Dans ce passage, il devient plus
fibrineux et plus chaud de deux degrés. Les

poumons forment donc la fibrine, et sont
une des sources les plus puissantes de la chaleur animale. Le cœur est chargé de distri-
buer tous ces produits dans les organes, au
moyen des nombreux vaisseaux qui y aboutissent. La circulation du sang est une des
fonctions dont le mécanisme est aujourd'hui
le plus approfondi; on sait que le cœur en est
l'organe actif, que les vaisseaux, les artères
et les veines ne sont que ses instrumens passifs.

Nous cherchons, en vain, les raisons positives qui ont pu déterminer certains physiologistes, même les plus modernes, à regarder
le cœur comme étant aussi l'organe du courage, puisque l'expérience et le raisonnement
démontrent le contraire;

1.° On sait que ce ne sont pas les hommes
chez lesquels le cœur est relativement plus
volumineux, qui sont les plus courageux : on
peut faire cette remarque, non-seulement dans
l'homme, mais dans tous les autres animaux.

2.° En outre, la plus simple inspection du
cœur, organe essentiellement musculaire,
formé de cavités, de colonnes charnues les
mieux disposées possibles pour la circulation
du sang, démontre les seules fonctions de
cet organe.

3.° Tous les médecins ont pu remarquer, dans les personnes chez lesquelles une cause quelconque a exercé fortement le cœur pendant long-temps, que le volume extraordinaire qu'acquiert cet organe n'a aucune influence sur le courage de l'individu, qu'il n'influe que sur ses fonctions circulatoires.

§ III.

Fonctions des organes abdominaux.

Les viscères abdominaux ont pour fonctions de former le chyle, ils sont aussi les principaux organes des sécrétions et excrétions. Le foie, la rate, l'estomac et les intestins renfermés dans la même cavité, ont pour but commun, de former et de séparer le chyle des alimens. Toutes les sécrétions et excrétions de ces organes, jointes à celles des voies urinaires et génitales, débarrassent en même temps l'économie de produits inutiles à l'entretien des organes. Il est facile de démontrer que le foie ne peut former que de la bile, et que ce liquide ne peut être utile qu'à la chylification : de même, les organes génitaux n'ont pour fonctions que de former et d'excréter le sperme, humeur dont l'usage n'est relatif qu'à la fécondation.

L'imagination des physiologistes de tous les temps, s'est exercée à créer d'autres fonctions à ces organes auxquels on a fait jouer un grand rôle dans l'économie. On a admis que la prédominance du foie, et la grande activité de la bile donnaient le caractère *ardent* et *impétueux,* l'imagination exaltée ; c'est dans cet organe et son humeur que l'on a placé le siége de la haine, de la colère, de la tristesse ; et cette hypothèse était principalement fondée, sur ce que les individus secs et maigres, au teint jaune, ont généralement les caractères moraux assignés aux tempéramens bilieux et mélancolique ; mais outre que cela n'a pas toujours lieu, l'on n'a fait nullement attention, que c'est principalement dans ces cas que l'encéphale domine, et qu'au contraire, les organes abdominaux très-étroits ne font qu'imparfaitement leurs fonctions. On aurait dû réfléchir un peu à la position du foie, à sa structure, à ses fonctions bien évidentes. Cet organe, placé autour du canal intestinal comme le pancréas et la rate, sécrète la bile, et la verse pendant la digestion dans le duodénum ; là, après avoir aidé à la séparation du chyle, elle est entraînée avec les excrémens, dont elle facilite l'expulsion par son onctuosité. Le foie présente généralement un volume proportionné à la nécessité de l'excrétion biliaire ; et son développement suit celui du canal intestinal. Dans la première enfance où les fonctions digestives sont très-énergiques, le foie est relativement très-développé. Celui des herbivores, de la brebis, par exemple, est relativement plus gros que celui de l'homme ; pourquoi ces animaux ne sont-il pas en proie aux passions haineuses, que l'on a placé dans le foie de l'espèce humaine ? On a encore supposé que c'était *l'âcreté de la bile* qui donnait *sympathiquement* de l'activité à tous les organes, ou que l'excédant de ce liquide était absorbé avec le chyle, et porté dans la masse du sang, où il manifestait sa présence, en stimulant les organes et en colorant la peau ; mais il est d'abord très-douteux, que la coloration en jaune de la peau soit due à la bile ; aucune expérience positive ne le démontre, pas même l'ictère ; car cette coloration s'observe aussi à la suite d'épanchemens sanguins, de contusions. En outre, comment l'âcreté de la bile pourrait-elle donner de l'activité aux organes ? Si c'est *sympathiquement*, c'est un beau mot, mais qui n'explique rien ; si c'est *physiologiquement,* il est impossible de le démontrer.

Toutes les expériences, et l'observation conduisent même à la proposition contraire : 1.° on ne trouve pas plus de bile dans le sang des bilieux, que dans celui des autres tempéramens. 2.° La bile portée sur les organes, les frappe d'inflammation, comme l'urine et toutes les matières âcres. 3.° La bile de l'idiot vigoureux ne présente point de différences appréciables dans sa quantité et sa qualité avec celle de l'homme passionné et intelligent : ce liquide n'a bien certainement pour but, dans l'un et dans l'autre, que la digestion ou la séparation du chyle.

Ce que nous venons de dire du foie peut s'appliquer aux organes génitaux, qui, par leur conformation, leur position et leur structure, n'ont bien évidemment pour fonctions, dans l'homme, que de former le sperme et de le rejetter au-dehors; les effets attribués à la liqueur spermatique, n'ont pas plus de fondemens que ceux attribués à la bile âcre.

Dans la femme, quel rôle n'a-t-on pas fait jouer à l'utérus, quoiqu'il soit de toute évidence, qu'il n'a pour fonctions que de développer et d'expulser le produit de la conception.

Nous ne croyons pas devoir non plus, nous

6

arrêter ici, à réfuter les opinions que l'on a encore émises, dans ces derniers temps, sur les fonctions de l'estomac et des intestins, et sur leur influence sympathique; nous ferons seulement remarquer, que ces opinions ressemblent beaucoup à celles que nous avons vues sur la bile âcre et la liqueur spermatique répandues dans tout le corps, et que par cela même, elles présentent à peu près les mêmes objections.

Concluons de ce que nous avons vu dans ce chapitre :

1.° Que les organes cérébraux sont exclusivement chargés de l'intelligence et des passions.

2.° Que les organes thoraciques liés étroitement par leurs fonctions, l'un en formant le sang et l'autre en le distribuant, sont exclusivement chargés des importantes fonctions de la circulation et de la respiration.

3.° Que les organes abdominaux, quoique très-nombreux et très-variés, n'en sont pas moins tous très-analogues, sous les rapports de l'analogie de leurs fonctions, puisque tous sont des organes sécréteurs, que tous en derniers résultats, ont pour but la formation du principe nutritif ou chyleux, et la séparation des matières qui, séjournant trop long-temps, deviendraient nuisibles à l'individu.

4.° Que quoique chacun de ces groupes d'organes soit lié par ses fonctions avec les autres, chacun a ses fonctions particulières et distinctes, de sorte qu'aucun ne peut remplir les fonctions d'un autre.

CHAPITRE II.

*Rapports du volume relatif des organes avec l'é-
nergie de leurs fonctions.*

Nous nous sommes long-temps demandé
pourquoi des rapports aussi évidens, aussi
palpables, que ceux du volume relatif des
organes avec l'énergie (1) de leurs fonctions,
ont été si long-temps ignorés, et sont encore
contestés de nos jours ; mais nous pouvons,
aujourd'hui, en faire connaître les principales
causes.

1.° La manière dont on considérait l'homme
en masse, empêchait tout-à-fait que l'on s'oc-
cupât des organes et des fonctions en particulier ; car, ne sachant point qu'un organe peut
être faible et l'autre fort dans un même individu, on admettait que la *fibre molle donnait des
fonctions languissantes et des pensées fugitives,
la fibre sèche des fonctions actives et énergiques.*

2.° Comment aurait-on pu apprécier les rapports du volume relatif des organes avec leur

(1) Énergie doit être considéré, en physiologie, comme
synonyme de force, de degré d'aptitude d'un organe à remplir ses fonctions.

énergie, lorsque, méconnaissant les fonctions de l'encéphale, on donnait une influence extrême à certains organes et à leurs fluides? N'admet-on pas encore que, le foie est non-seulement l'organe sécréteur de la bile, mais le siège ou la cause de plusieurs passions, *de la haine, de la jalousie, de la colère, de la tristesse?* Que la bile est un liquide non-seulement utile à la chylification, mais un *excitant de toutes les fonctions,* de sorte qu'elle peut produire dans le cerveau des pensées profondes et des passions énergiques?

Il en est de même des organes génitaux et de la liqueur séminale, qui donnent toute l'activité au cerveau du mélancolique et du bilieux? Le cœur n'est-il pas encore considéré, comme le siège et la cause de la bravoure et du courage? Quel rôle ne fait-on pas jouer aussi, aux systèmes sanguin, lymphatique et nerveux?

On serait étonné de voir reproduire, encore aujourd'hui, ces antiques erreurs, si l'on ne savait que la vérité a toujours eu à combattre l'autorité des noms célèbres, l'habitude et la vanité des hommes.

3.° Enfin, la cause la plus puissante qui fait rejetter la connaissance de ces rapports, est la fausse idée que l'on se fait *de l'énergie ou de la force* des organes. On a confondu *la promptitude et la facilité* de leur action, avec *leur force ou leur énergie;* sans faire attention, que le plus généralement, ces deux dispositions ne sont pas même l'indice de la force; car ce ne sont pas, par exemple, les individus chez lesquels les battemens du cœur sont plus fréquens, les mouvemens des membres plus prompts et plus faciles, qui ont le cœur et les muscles plus robustes, plus énergiques; on observe même le contraire, en comparant la femme et l'enfant à l'homme adulte; cette observation est du reste applicable à tous les organes, au cerveau, à l'estomac, etc. Mais, c'est *le degré de complément de la fonction* qui constitue *le degré d'énergie de l'organe qui en est chargé;* et pour bien saisir *ce degré de complément* d'action, il faut se rappeler, que chaque organe à son mode d'énergie particulier et distinct, selon sa structure et ses rapports avec les autres; que le cerveau est énergique, lorsqu'il sent, se rappelle, compare et veut fortement, ou lorsque l'intelligence est très-développée et les passions fortes; le poumon, lorsqu'il est le siège d'une sanguification complète et abondante; le cœur, lorsqu'il précipite avec force, dans tous les vaisseaux qui en partent, une grande quantité de sang; les organes digestifs, lorsqu'ils forment et séparent beaucoup de chyle.

C'est donc, en considérant sous son véritable point de vue, le volume et l'énergie des organes, que l'on voit partout l'application de cette grande vérité : *le volume relatif d'un organe indique l'énergie relative de ses fonctions.*

Cette proposition offre plusieurs applications distinctes, mais qui sont des conséquences les unes des autres :

1.° *Lorsque dans un même individu, un organe est proportionnellement plus volumineux que les autres, les fonctions de cet organe sont relativement plus énergiques ; mais, lorsqu'au contraire, un organe est moins volumineux que les autres, les fonctions de celui-ci sont d'autant moins énergiques.*

Voilà une de ces vérités simples, dont l'énoncé seul démontre l'évidence, et que l'observation constate dans tous les êtres vivans, dans toutes les espèces animales, et dans tous les âges.

Un organe malade peut prédominer par son volume, sans prédominer par ses fonctions; car elles sont alors le plus souvent diminuées

ou perverties ; mais il ne doit être ici question,
que de l'état de santé ; or, l'observation démontre, que dans ce cas, le principe est ri-
goureux.

2.° L'observation démontre aussi cette proposition ; *dans les individus d'une même espèce,*
ceux qui ont un organe prédominant, ont les
fonctions de cet organe plus énergiques, que ceux
qui l'ont proportionnellement moins prédominant ;
ainsi, par exemple, de deux hommes dont l'un
a l'encéphale prédominant, et l'autre l'a inférieur relativement à ses autres organes, le
premier a les fonctions encéphaliques plus
énergiques que le dernier.

3.° Ce principe s'étend même, jusqu'à un
certain point, aux espèces animales différentes
comparées entre elles, lorsque la complication
et la structure de leurs organes ne sont pas
trop différentes.

Ces deux dernières propositions, quoique
moins rigoureuses que la première, n'en sont pas
moins aussi générales et aussi importantes ; mais,
nous allons développer encore plus complètement ces applications, en examinant, sous ce
point de vue, les organes crâniens, thoraciques
et abdominaux.

§ I.er

Organes crâniens.

On s'est beaucoup occupé, surtout dans ces derniers temps, des moyens de reconnaître l'énergie absolue, l'étendue et la variété des fonctions cérébrales de l'homme et des animaux.

D'après Pline et Aristote, on n'eût d'abord égard qu'au volume du cerveau considéré d'une manière absolue ; on établit que plus le cerveau est gros dans un individu, dans une espèce animale quelconque, plus dans cet individu, et dans cette espèce, l'intelligence est grande ; mais la baleine et l'éléphant qui ont plus de cerveau que l'homme, ont une intelligence bien inférieure. La souris et certains petits singes qui ont plus d'intelligence que le bœuf et le chameau, ont cependant un cerveau beaucoup moins grand.

On a comparé ensuite, successivement, le volume du cerveau à la masse totale des nerfs, puis à la moelle de l'épine, puis à tout le corps, et enfin à la face ; mais on a trouvé, à chacune de ces comparaisons, des exceptions dans plusieurs mammifères, dans les singes surtout, et dans beaucoup d'oiseaux.

Faisons remarquer que ces quatre comparaisons peuvent se réduire à une seule; à celle du volume du cerveau avec le reste du corps; puisque le volume des nerfs est généralement en raison directe des parties d'où ils sortent, et en raison inverse de celui du cerveau : qu'il en est de même de la moelle de l'épine, dont le volume suit celui des nerfs qui y aboutissent. Enfin, la proportion de la face avec le crâne, se trouve, à quelques exceptions près, comme tout le corps au crâne; telle est la cause pour laquelle ces quatre comparaisons réunies approchent le plus de la solution de la question.

L'angle facial de Camper (1) a encore été regardé comme indiquant le dégré d'intelligence. Il indique, en effet, le développement du front et son degré d'avancement; mais il n'indique point le développement des régions

---

(1) Si l'on suppose une ligne verticale, conduite des dents incisives supérieures au point le plus élevé du front, et une ligne horizontale conduite de ces mêmes dents incisives supérieures à la base du crâne, en passant au niveau du conduit auditif externe, ces deux lignes formeront un angle dont le degré d'ouverture sera en raison de l'avancement du front. Cet angle, imaginé par Camper, est en général d'autant plus aigu que l'on s'éloigne de l'homme; de sorte qu'étant de 85 degrés chez l'Européen,

postérieure et latérales du crâne, et il ne peut, par cela même, donner une mesure de tout l'entendement, ou de toutes les fonctions cérébrales.

M. Gall considère le cerveau, comme un groupe de plusieurs organes particuliers, qui ont une existence, une action, une activité plus ou moins indépendantes; de sorte que, l'on doit plutôt consulter les différentes parties qui composent le cerveau, que l'ensemble de ses organes, pour apprécier le développement de l'intelligence et des passions; il admet *vingt-sept facultés ou dispositions chez l'homme,* qu'il rattache chacune à un lobe cérébral particulier; de sorte qu'il faudrait examiner le développement de chacun de ces organes, pour connaître l'énergie des facultés et des penchans qu'il leur attribue; mais quoique la physiologie

---

il n'est plus que de 70 chez le Nègre, de 65 à 31 chez le singe, et plus aigu enfin, en descendant des mammifères aux oiseaux, aux reptiles et aux poissons; mais si l'on remonte au contraire, de l'homme aux héros et aux Dieux dont l'antiquité nous a laissé l'image, l'angle s'ouvre jusqu'à 100 degrés, et la physionomie est ennoblie, au point d'inspirer, à la vue ce respect soudain, et cette vénération religieuse, dont Phidias ne put se défendre en regardant le marbre fait Dieu par son ciseau.

et l'anatomie ne permettent pas, aujourd'hui, de douter que l'encéphale ne soit composé de plusieurs parties ; il est impossible, de quelque manière qu'on l'examine, de démontrer l'existence de tous les organes particuliers et distincts admis par ce physiologiste : c'est, selon nous, ce qui diminue beaucoup l'importance de cette partie de son beau travail sur les fonctions du cerveau.

Des six principaux moyens que nous venons d'exposer pour mesurer les fonctions du cerveau, les cinq premiers ne peuvent qu'appuyer notre principe; car aucune des objections qui ont été faites à chacun de ces moyens, ne peut atteindre la vérité de cette importante proposition applicable aux organes encéphaliques ; *le volume relatif d'un organe indique l'énergie relative de ses fonctions.* Du sixième moyen seulement, naissent quelques objections tirées de la manière de considérer isolément l'action des différentes parties du cerveau, surtout dans les génies et l'imbécillité partiels; mais tant que l'anatomie et la physiologie n'auront point démontré tous ces organes distincts et isolés de chaque faculté et de chaque passion, ces objections tomberont d'elles-mêmes.

Car, bien que la structure et la complication du cerveau soient variables dans les individus d'espèces très-différentes, le mode d'application de notre principe n'est nullement
atteint, puisqu'il ne s'applique qu'à un même
individu, à ceux d'une même espèce, et à
ceux d'espèces différentes, dont la structure et
la complication des organes sont à peu près
les mêmes.

Ainsi, par exemple, si certains animaux,
les singes, les souris, les petits oiseaux, ont
une prédominance cérébrale aussi considérable
que celle de l'homme, la grande différence
d'organisation de leur cerveau, imprime à cette
prédominance des effets bien différens. Les
ganglions de l'intelligence et des passions si développées, si prédominans chez l'homme, (1)
n'ont point ou n'ont que très-peu de circonvolu
tions dans les animaux; ils sont peu développés,
et leurs régions antérieure, supérieure et latérales semblent manquer complètement; tandis

(1) Les organes crâniens, qui, dans les animaux, sont
un assemblage d'un grand nombre de ganglions bien séparés et bien distincts, ne paraissent plus formés, dans
l'homme, que de deux seulement (le cerveau et le cervelet,)
qui enveloppent tellement les ganglions des sens, que
ceux-ci paraissent à peine.

qu'au contraire, les ganglions qui correspondent aux nerfs des sens et à tout le corps, sont très-volumineux : les éminences *nates* et *testes*, qui sont les principaux ganglions des nerfs optiques, forment la plus grande partie du cerveau des oiseaux ; les ganglions olfactifs et auditifs, forment aussi la partie la plus importante de celui des petits mammifères. Il résulte de ces dispositions organiques, que les animaux ont certaines sensations souvent plus énergiques que celles de l'homme ; mais que ces sensations sont fugitives, et ne peuvent plus être combinées et agrandies comme dans l'espèce humaine ; de sorte que l'on doit sentir, combien doivent varier les effets de la prédominance cérébrale dans les différentes espèces animales ; puisque, dans les unes, elle n'indique qu'une extrême sensibilité générale ; dans d'autres, qu'une grande délicatesse d'un ou de plusieurs sens ; que dans d'autres enfin, elle n'indique qu'une grande énergie de quelques facultés ou passions. Ajoutons encore, que dans les individus de la même espèce, où la structure et la complication du cerveau sont toujours les mêmes (1), ceux chez lesquels cet

(1) On ne peut point soutenir sérieusement, que dans

organe est prédominant ont plus d'intelligence et de passions que les autres. Ainsi, nos principes sont rigoureusement applicables au cerveau ; et nous pouvons établir, sans crainte d'être démenti par l'observation, que dans un même individu, plus le cerveau est prédominant par son volume sur les autres organes, plus les facultés et les passions sont énergiques, relativement aux autres fonctions ; et que cette prédominance d'énergie dans un même individu, entraîne une énergie plus grande, relativement aux autres individus de la même espèce.

§ II.

Organes thoraciques.

On ne peut douter que, lorsque les poumons sont relativement vastes et spacieux, les nombreuses cellules dont ils sont composés, ne mettent une grande quantité d'air en contact avec beaucoup de sang ; d'où résulte nécessairement, une sanguification abondante et complète : de même, lorsque le cœur est très-

les individus d'une même espèce, la structure et la complication du cerveau soient différentes : les organes thoraciques et abdominaux ne varient point, ceux de l'encéphale feraient-ils exception ?

volumineux et robuste, la circulation est active dans toutes les parties. De ces actions réunies, résulte une grande chaleur animale répandue également dans tout le corps.

Lorsqu'au contraire les poumons sont étroits, peu spacieux, que le cœur est petit aussi, relativement au reste du corps, la sanguification est peu abondante ou imparfaite, la circulation incomplète, et, par suite, la chaleur animale, peu considérable, ne se répand point aussi fortement jusqu'aux extrémités.

Dans l'enfance et chez la femme, les organes thoraciques sont peu développés, relativement à ceux du crâne et de l'abdomen ; aussi le sang est plus séreux, le pouls plus mou, la chaleur animale moins grande que chez l'adulte, et surtout chez l'athlète, dont le sang est fibrineux et abondant, le pouls fort et. plein, et la chaleur animale considérable.

Dans les animaux à sang froid, dans les reptiles et les poissons, les poumons sont peu développés et très-simples dans leur organisation ; dans les grenouilles, les salamandres, les lézards, les poumons ne sont que de simples sacs, dont l'intérieur ne présente que quelques cellules ; le cœur a moins de cavités, est moins compliqué, et plus petit que dans les mammifères ; aussi , dans les premiers , le sang est-il peu fibrineux , peu abondant , et la chaleur animale peu développée. Ces animaux ne consomment qu'une très-petite quantité d'oxygène, ils peuvent même vivre quelque temps sans cœur et sans poumons.

Dans les animaux à sang chaud , dans les mammifères et les oiseaux, les poumons sont beaucoup plus compliqués, les nombreuses cellules dont ils sont composés, développent dans l'inspiration de larges surfaces pour mettre l'air en contact avec le sang veineux ; le cœur est aussi plus compliqué, plus robuste. Dans les oiseaux, qui forment le premier échelon pour le grand développement des organes thoraciques, les cellules des poumons communiquent jusque dans l'intérieur des os.

De cette organisation , résultent chez eux, une sanguification abondante, un sang fibrineux répandu avec force dans tous les organes, qui facilite leurs fonctions, et répand en même temps une chaleur encore supérieure à celle de tous les autres animaux. Ainsi, lorsque le thorax est très-volumineux, très-développé, relativement au reste du corps , les fonctions du cœur et des poumons sont très-énergiques relativement aux autres fonctions.

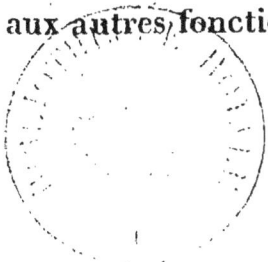

7

§ III.

Organes abdominaux.

Le physiologiste doit embrasser la connaissance de l'ensemble des êtres vivans, pour s'élever à celle des grandes vérités sur la nature de l'homme ; car, comme l'a dit l'éloquent Buffon, *s'il n'existait point d'animaux, la nature de l'homme serait encore incompréhensible.* Dans les animaux les plus simples, dans les *vers* et les *zoophytes,* l'abdomen forme tout l'animal, c'est un simple sac, dans lequel le chyle est formé et absorbé ; le résidu est rejetté au-dehors, souvent par la même ouverture qui lui a donné accès. Dans les *insectes* et les *crustacés*, l'abdomen est un peu plus compliqué ; mais on remarque un centre nerveux, et des organes pour respirer et faire circuler les fluides ; cependant, ces derniers ne sont encore que très-accessoires relativement à ceux de l'abdomen, qui sont très-étendus et très-énergiques.

Dans les *reptiles* et les *poissons*, les organes thoraciques et crâniens présentent déja un certain développement, et les organes abdo-

minaux commencent à diminuer proportionnellement d'étendue et d'importance.

Dans les *oiseaux* et les *mammifères*, l'abdomen présente enfin un développement proportionnel beaucoup moindre, et ses fonctions sont aussi moins importantes ; de
sorte que, dans la chaîne des êtres, les organes abdominaux ont une énergie et un développement relatifs d'autant plus considérables, que l'on s'éloigne davantage de l'homme.
Pour se rendre compte du degré d'énergie
d'un organe, il faut bien préciser le caractère
de ses fonctions. L'énergie des organes digestifs, par exemple, ne peut se calculer par la
quantité d'alimens sur lesquels ils agissent ;
mais par la quantité qu'ils digèrent, qu'ils
convertissent en chyle : on observe fréquemment des individus mangeant beaucoup, et en
retirant peu de chyle, et d'autres, au contraire, mangeant peu, et retirant une grande
quantité de ce liquide.

Les *herbivores*, qui passent naturellement
une vie douce et tranquille dans de gras pa-
turages, mangent peu à la fois et souvent ;
mais leurs organes abdominaux multiples et
très-développés, sont livrés à une action continuelle ; le chyle est formé en grande quan-

7..

tité, et est déposé dans ses réservoirs ; d'où naît leur embonpoint extraordinaire. Les sécrétions et excrétions abdominales sont aussi extrêmement abondantes.

Les *carnivores*, au contraire, abandonnés dans les forêts, forcés à épier et à disputer leur pâture, mangent plus rarement, ils exercent plus leurs organes thoraciques et crâniens que ceux de l'abdomen ; aussi leur ventre est étroit relativement, et il renferme des organes peu énergiques ; car quoique ces animaux dévorent avec avidité leur proie, qu'ils engloutissent tout-à-coup une grande quantité d'alimens, ceux-ci passent promptement, sans souvent même être altérés dans leurs organes peu spacieux ; de sorte qu'ils n'en retirent qu'une petite quantité de chyle; d'où naît leur maigreur malgré leur voracité.

Les hommes chez lesquels l'abdomen est prédominant ou inférieur, se rapprochent beaucoup des deux extrêmes que nous venons de comparer. Les *abdominaux* mangent peu à la fois, mais souvent ; ils digèrent presque continuellement, ils dorment beaucoup, et leur vie est douce et tranquille comme celle des herbivores ; tandis qu'au contraire, les hommes chez lesquels les organes abdominaux sont peu développés , relativement à ceux du crâne et du thorax , mangent avec avidité, et semblent dévorer leur nourriture comme les carnivores ; ils n'ont que des digestions imparfaites , en retirent peu de chyle , et ils restent secs et maigres , malgré la grande quantité d'alimens qui passent rapidement par leur canal intestinal peu développé et peu énergique (1).

(1) On croirait , au premier abord , que cette grande quantité d'alimens , qui , dans certains individus , traversent les organes digestifs , devraient développer le canal alimentaire, ou l'altérer ; mais cela n'a pas toujours lieu : il y a des hommes qui s'habituent à manger beaucoup plus que leurs besoins ne l'exigent , sans en être incommodés , lors même qu'ils ne digèrent pas ce qu'ils prennent. Jacques de Falaise , qui a été pendant près de dix ans l'objet de la curiosité publique , en avalant des animaux vivans , et des corps tout-à-fait réfractaires à l'action des organes , est un exemple bien remarquable sous ce rapport. Son canal intestinal se laissait traverser par des corps très-nombreux et très-indigestes , sans en éprouver le moindre changement. Cet homme avala un jour quarante-neuf pièces de cinq francs à la suite d'un défi avec un Anglais , qui céda le premier ; il les rendit trois ou quatre jours après , sans en avoir éprouvé d'autres incommodités que leur poids. Lorsqu'il avalait des animaux vivans , des couleuvres, des écrevisses ou des rats , il les rendait, quelques

Il n'est pas facile de concevoir comment les physiologistes peuvent soutenir, encore aujourd'hui, que les organes abdominaux très-volumineux, et la graisse abondamment répandue dans tout le corps, sont l'indice d'une *faiblesse générale*; car, disent-ils, le *tissu cellulaire et les fluides lymphatiques inondent tous les organes, empâtent et gênent leurs fonctions* : mais, outre que cette explication toute mécanique, ne peut être applicable à aucun organe, elle ne repose ici sur aucun fait positif : il est facile de voir, que la faiblesse n'est ici que dans les organes crâniens et thoraciques, et non dans ceux de l'abdo-

jours après, peu altérés. Il prenait aussi naturellement beaucoup d'alimens, qu'il ne rendait qu'à demi-digérés. A l'ouverture de cet homme, qui se pendit, à la suite d'ivresse prolongée, nous trouvâmes ses organes abdominaux peu développés et dans l'état sain; son estomac contenait encore, avec des alimens très-reconnaissables, trois cartes à jouer qu'il avait avalées la veille de sa mort. Jacques de Falaise était de la constitution thoracique; il était très-maigre; son abdomen était peu développé, ainsi que les organes qu'il renfermait, qui, du reste, ne présentaient rien de remarquable. L'estomac et l'œsophage nous parurent seulement un peu plus dilatables qu'ils ne le sont ordinairement.

men, qui sont alors prédominans et très-énergiques, qui séparent beaucoup de chyle, et
dont les sécrétions sont très-abondantes ; car,
comment, avec un peu de réflexion, peut-on
admettre, que des organes volumineux, qui
agissent continuellement, et dont les produits
sont considérables, ont peu d'énergie? Les organes abdominaux sont soumis aux lois générales de l'organisme : plus on les exerce aux
dépens des autres, plus ils augmentent de
volume relatif, et par suite d'énergie : soutenir le contraire serait absurde ; de sorte que,
nous pouvons conclure, comme nous l'avons
fait pour les organes crâniens et thoraciques ;
que *le volume relatif des organes abdominaux,
indique l'énergie relative de leurs fonctions.*

CHAPITRE III.

Appréciation du volume, et partant de l'énergie des organes splanchniques.

Maintenant, si nous pouvons apprécier le volume des organes des cavités splanchniques, par l'examen de leurs enveloppes, nous pourrons, d'après ce que nous avons vu, dans les chapitres précédens, deviner dans un individu quelconque, quels sont ses organes les plus forts, et quels sont les plus faibles. Nous allons donc examiner successivement, et sous ce rapport, le crâne, le thorax et l'abdomen.

§ I.er

Examen de l'extérieur du crâne pour apprécier le développement des organes qu'il renferme, ou crânioscopie (1).

Le crâne est, dans l'homme, la partie la

(1) Ce mot, qui a passé dans notre langue depuis les travaux de M. Gall, est dérivé de κρανίον, crâne, et de σκοπέω, j'examine.

plus élevée du corps, située au-dessus de la face et du col.

Les limites du crâne et de la face sont, intérieurement comme extérieurement, formées, par une ligne qui, passant d'une arcade orbitaire à l'autre, descend de chaque côté au conduit auditif, puis se dirige à la nuque derrière le trou occipital.

La cavité du crâne renferme le cerveau, le cervelet et les ganglions cérébraux auxquels les nerfs viennent aboutir. Tous ces organes sont enveloppés de membranes qui tapissent l'intérieur de la cavité osseuse, et qui forment plusieurs loges qui les séparent.

La cavité du crâne est ovoïde, sa grosse extrémité est en arrière et la petite en avant ; on a distingué à cette cavité trois diamètres principaux ; un antéro-postérieur ou occipito-frontal, un transversal et l'autre vertical ; l'étendue de ces diamètres est extrêmement variable, non-seulement dans les âges, les sexes et les individus ; mais dans le même individu, selon les points d'où l'on part.

Les parois du crâne sont formées de huit os dans l'âge adulte ; le frontal, l'occipital, le sphénoïde, l'éthmoïde, les pariétaux et les temporaux.

Ces parois présentent deux régions principales et bien distinctes, l'une supérieure ou
la voûte, et l'autre inférieure ou la base.

La région supérieure ou la voûte, paraît à
l'extérieur, elle n'est recouverte que du cuir
chevelu, et de quelques muscles membraneux;
cette région se subdivise en autant d'autres,
qu'il y a d'os qui entrent dans son épaisseur :
ainsi, on admet encore les régions frontale,
pariétales, occipitale et sphéno-temporales :
l'épaisseur de ces régions est à peu près la
même dans tous les points. La partie inférieure des régions occipitale et sphéno-temporales est seulement un peu plus épaisse, par
le développement des muscles qui s'y insèrent.

La région inférieure ou la base ne se voit pas
extérieurement; elle est plane, mais très-irré-
gulière, sa circonférence se continue avec la
voûte. Cette région fait partie intérieurement
de la cavité du crâne; mais extérieurement, elle
fait partie de la face dont elle aide à former les
fosses nasales, orbitaires et zygomatiques.

L'intérieur de la cavité du crâne présente un
grand nombre de circonvolutions et d'anfractuosités, qui correspondent aux circonvolutions
et aux anfractuosités du cerveau.

Le crâne présente de grandes différences sous

les rapports de son étendue et de sa forme, dans les âges, les sexes et les individus.

A la naissance, il est peu étendu en totalité, mais très-développé relativement à tout le corps. La région antérieure prédomine, relativement aux autres âges, sur la postérieure.

Jusqu'à vingt ans, il augmente d'étendue absolue; mais il diminue relativement à tout le corps. C'est à cet âge que les sutures ont acquis toute leur solidité, et la région postérieure tout son accroissement.

A quarante-cinq ou cinquante ans, les couches internes des os deviennent plus épaisses, par la diminution du cerveau qui arrive généralement à cet âge.

Le crâne de la femme est différent de celui de l'homme : sa partie postérieure prédomine sur l'antérieure. On trouve aussi d'immenses variétés dans les dimensions, la forme, et même l'épaisseur du crâne, dans les différens individus. Celui d'un adulte ordinaire a généralement de dix-neuf à vingt-deux pouces de circonférence horizontale. En outre, deux crânes, de dimension égale, peuvent être supportés par deux corps dont les dimensions sont différentes d'un tiers ou même de moitié.

Quelques anatomistes pensent que le crâne

est l'image exacte et fidèle de la configuration
du cerveau, et que l'on peut conclure, d'une
manière rigoureuse et absolue, de la forme de
l'un à celle de l'autre, et que chaque petite
éminence ou enfoncement de la surface de la
cavité, indique des éminences ou enfoncemens
à l'endroit correspondant de la superficie du
cerveau. Si les crânioscopes ont été trop loin
dans leur opinion, est-il toujours incontesta-
blement démontré, que le crâne représente le
cerveau, au moins d'une manière générale?
c'est ce dont on peut se convaincre, par le simple examen anatomique. A l'ouverture des cadavres, on trouve toujours le cerveau remplis-
sant la cavité. M. Gall, dans son grand ouvrage,
a prouvé que le cerveau donne la forme au
crâne, et que ce dernier se moule sur le premier.

Les causes qui peuvent induire en erreur,
pour apprécier extérieurement le volume du
cerveau, sont faciles à saisir; elles peuvent être
réduites aux suivantes.

1.° Nous ferons d'abord remarquer, que le
crâne ne présente de visible que sa région supérieure ou la voûte, que cette région, recouverte
par le cuir chevelu et les cheveux, n'est bien
appréciable dans ses particularités, à la simple

vue, que dans la région frontale qui est découverte; car le reste est masqué par les cheveux, et nécessite quelquefois le toucher pour éviter l'erreur.

2.° La précision des limites du crâne et de la face, est aussi nécessaire, pour bien évaluer le volume du premier; il faut se rappeler que ces limites sont intérieurement comme extérieurement, formées, par une ligne qui passerait directement au-dessus des yeux, descendrait de chaque côté au conduit de l'oreille, puis se dirigerait à la nuque vers la réunion du col avec la tête.

3.° Le crâne des enfans est plus mince que celui des vieillards, qui, généralement, s'épaissit par la diminution du volume du cerveau.

4.° L'épaisseur des os du crâne est aussi variable dans chaque individu, abstraction faite de l'âge; mais elle est en général en rapport avec les autres os; de sorte que le volume de ceux des membres ou de la face étant donné, on connaît l'épaisseur de ceux du crâne ; c'est ce dont j'ai pu me convaincre, par un grand nombre d'ouvertures de cadavres, différens par le degré de développement de leur système osseux.

5.° Le développement des sinus frontaux et

des cavités orbitaires n'est jamais assez considérable pour produire des erreurs bien grandes.

6.° Enfin, certaines maladies de la tête, l'hydrocéphale, par exemple, développent considérablement le crâne, quoique le cerveau ait peu de volume, mais il ne doit toujours être question que de l'état de santé.

Ainsi, nous pouvons conclure, que l'on peut toujours apprécier le volume de l'encéphale, par l'examen de l'extérieur du crâne; et que, d'après ce que nous avons vu dans les chapitres précédens, cette appréciation donne la connaissance de l'énergie des fonctions encéphaliques.

§ II.

Examen de l'extérieur du thorax pour apprécier le volume des organes qu'il renferme, ou thoracoscopie (1).

Le thorax est la partie du tronc comprise entre le cou et l'abdomen.

Les poumons, le cœur, les vaisseaux sanguins qui en partent ou qui s'y rendent, remplissent

_____

(1) Le mot *thoracoscopie* est tiré du grec θοραξ, poitrine, thorax; et de σκοπέω j'examine.

la cavité thoracique divisée en trois loges bien distinctes; une moyenne, occupée par le cœur et les gros vaisseaux, et deux latérales remplies exactement par les poumons : une membrane séreuse (la plèvre) sépare les loges, et recouvre les organes eux-mêmes.

La cavité thoracique est circonscrite; en avant, par le sternum et les cartilages intercostaux; postérieurement, par la colonne vertébrale; latéralement, par les côtes; et en bas, par le diaphragme. Le sommet est rempli à sa partie moyenne, par les nombreux vaisseaux qui sortent de la cavité, ou qui y pénètrent. Les côtés de ce sommet se prolongent par deux culs-de-sac qui s'élèvent au niveau, ou un peu au-dessus de la première côte.

Lorsqu'on a enlevé les organes qui remplissent le thorax, la cavité présente la forme d'un cône, dont le sommet, fortement tronqué, est en haut et en arrière, et la base en bas.

On peut distinguer à la cavité du thorax trois diamètres; un antéro-postérieur, ou sterno-vertébral, qui s'étend de la partie postérieure du sternum aux corps des vertèbres dorsales; un *transversal ou costal,* qui s'étend de la partie moyenne des côtes droites aux gauches; le troisième diamètre est *vertical,* il s'étend du sommet de la cavité à la base : l'étendue de ces diamètres est tellement variable dans les différens individus, et surtout, dans les différens points de la cavité du même individu, qu'on ne peut leur assigner un terme moyen d'étendue; on peut seulement dire, qu'en général, les deux premiers sont d'autant plus étendus qu'ils sont plus près de la base, tandis que le vertical l'est d'autant moins, qu'il s'approche davantage de la partie antérieure. L'étendue de ces diamètres varie encore selon le temps d'inspiration ou d'expiration.

Les parois du thorax présentent absolument les mêmes diamètres que la cavité elle-même qu'elles circonscrivent et qu'elles forment; mais ces parois, considérées dans leur ensemble, revêtues de leurs parties molles, le sommet du thorax surmonté, surtout latéralement des deux épaules, prennent extérieurement la forme d'un cylindre aplati en avant, en arrière et sur les côtés. Cet ensemble du thorax peut être divisé en six régions principales.

La région antérieure ou sternale, désignée vulgairement sous le nom de *poitrine*, est quadrilatère, plus large en bas qu'en haut, circonscrite latéralement de chaque côté, par une ligne qui tomberait perpendiculairement de la réunion des deux tiers internes de la clavicule avec son tiers externe, sur l'extrémité antérieure de la deuxième fausse-côte, en comptant de bas en haut. Cette région est bornée en haut par le bord supérieur des clavicules et du sternum, et inférieurement par l'appendice xiphoïde et le rebord cartilagineux des côtes. Cette région présente extérieurement : 1.° une surface plus ou moins saillante, ou aplatie, suivant les individus, dont la partie moyenne laisse voir le sternum et les cartilages intercostaux presque immédiatement sous la peau; 2.° en haut et sur les côtés, une saillie transversale formée par les clavicules, qui, s'écartant de la face supérieure de la première côte, deviennent très-apparentes chez les personnes maigres, mais se dessinent à peine chez celles qui ont de l'embonpoint; 3.° au-dessous, se trouvent les saillies, formées, chez la femme, par les deux mamelles, et chez les hommes robustes, celles formées par les pectoraux.

La face interne de la région antérieure, est d'autant plus concave, que la face externe est plus bombée; elle est tapissée par la plèvre, qui recouvre directement le sternum, les cartilages intercostaux, les côtes et les muscles intercostaux. La partie moyenne de cette région corres-

8

pond au cœur, aux gros vaisseaux et au thymus; les parties latérales, au bord antérieur des poumons, et à la partie antérieure de leur surface convexe.

La région postérieure, ou *le dos*, offre la forme d'un rectangle circonscrit latéralement par deux lignes saillantes formées par la rangée de l'angle des côtes et l'angle supérieur du scapulum; supérieurement, par le moignon de l'épaule et l'apophyse épineuse de la septième vertèbre cervicale; inférieurement, par les dernières fausses-côtes et l'apophyse épineuse de la douzième vertèbre dorsale. Cette région présente extérieurement et à sa partie moyenne une gouttière, circonscrite par les masses sacro-spinales. Au fond de cette gouttière, paraît la rangée des apophyses épineuses dorsales. La face interne de la région postérieure présente une forte saillie, formée par la rangée du corps des vertèbres dorsales, qui correspond au médiastin postérieur; latéralement, deux gouttières profondes, tapissées par les plèvres, logent le bord postérieur des poumons.

La région postérieure est la plus épaisse de celles du thorax; elle doit cette épaisseur à la colonne vertébrale, à l'extrémité postérieure des côtes, et surtout aux muscles volumineux qui s'y attachent.

Les régions latérales sont circonscrites, antérieurement et postérieurement par les limites des régions antérieure et postérieure; inférieurement, par la deuxième fausse-côte; supérieurement, elles sont confondues avec l'épaule. Ces régions sont plus ou moins bombées chez les personnes maigres, elles laissent voir et compter, sous la peau, les saillies des côtes. Leur partie supérieure offre l'aisselle, bornée par deux saillies; l'une antérieure, formée par le grand pectoral, et l'autre postérieure, formée par la réunion des muscles grand-rond et grand-dorsal; le reste, jusqu'au moignon, est formé par l'épaule, qui, s'attachant au thorax, surmonte ainsi les régions latérales.

L'intérieur de ces régions présente une concavité, qui, correspondant à la convexité extérieure, est tapissée par les plèvres et en contact immédiat avec la face externe des poumons.

Les régions latérales sont peu épaisses, surtout inférieurement; les côtes et les muscles intercostaux en forment la partie solide et profonde. Les grands dentelés recouvrent toutes ces parties, et sont eux-mêmes recouverts par la peau.

La région inférieure, ou *diaphragmatique* est formée par un seul muscle (le diaphragme),

8..

véritable cloison qui sépare la cavité thoracique de l'abdominale, dans l'adulte. Cette cloison s'attache à un pouce, environ, au-dessus du contour de la base osseuse du thorax. Cette région est concave dans l'abdomen, contiguë au foie, à l'estomac et à la rate; ces organes y adhèrent par des moyens particuliers. Elle est, au contraire, convexe dans le thorax, et répond, à sa partie moyenne, au cœur, et latéralement à la base des poumons. Cette région est la plus mobile et la moins épaisse.

La région supérieure ou *cervicale* est très-épaisse, surtout latéralement, où elle comprend une partie de l'épaule, qui est fixée à la partie supérieure et latérale du thorax. Cette région a extérieurement la forme d'un losange, du centre duquel s'élève le cou. Les deux angles aigus du losange répondent latéralement, à la réunion de l'extrémité externe de la clavicule avec le bord externe saillant du muscle trapèze. Chez les personnes maigres, un enfoncement assez profond se trouve dans ces angles. Les angles obtus répondent : l'antérieur, au bord supérieur du sternum, et le postérieur à l'apophyse épineuse de la septième vertèbre cervicale.

L'intérieur de la région supérieure, présente le sommet tronqué de la cavité thoracique, rempli, à sa partie moyenne, par les nombreux vaisseaux qui sortent du thorax ou qui s'y rendent. Les parties latérales forment une concavité en forme de cul-de-sac, qui s'élève au niveau, ou au-dessus de la première côte, et qui contient le sommet des poumons.

Les variétés du thorax sont extrêmement nombreuses considérées dans les âges, les sexes et les individus, sous les rapports de son *étendue totale et relative*, et sous ceux de sa *conformation ou de sa forme*.

Au moment de la naissance, les organes thoraciques, et surtout les poumons augmentent promptement de volume; de sorte que les régions latérales du thorax se bombent ; le diamètre vertical n'acquiert que très-peu d'étendue jusqu'à la puberté, et les organes épigastriques, jusqu'alors très-développés, rendent en même temps la base de la poitrine très-évasée.

De 16 à 18 ans, le thorax prend un accroissement considérable; sa base reste stationnaire, mais son diamètre vertical augmente, sa partie moyenne et son sommet se bombent; et donnent, surtout en avant, cette belle conformation que nous admirons dans l'athlète.

De 45 à 60 ans, le thorax devient moins mobile par l'ossification des cartilages; il diminue véritablement de volume, et ressemble au thorax de l'adulte dans l'expiration. Son bord inférieur descend plus bas, et le diaphragme devient plus concave dans l'abdomen, de sorte que la base de la poitrine loge une plus grande quantité d'organes abdominaux.

Le thorax de la femme est, en général, moins développé proportionnellement que celui de l'homme; son diamètre vertical est surtout beaucoup moins étendu; sa base est plus évasée; du moins dans celles qui n'ont point comprimé cette partie; car dans les femmes chez lesquelles l'usage des corps de baleine, a beaucoup rétréci la partie inférieure du thorax, cette cavité est renflée au milieu, et se rapproche alors de la forme de celle des vieillards.

Mais, rien de plus variable, que le volume *total* et *proportionnel* du thorax dans les individus du même âge et du même séxe. Il n'est point rare de trouver des individus chez lesquels cette cavité est une fois plus grande que celle des autres hommes; on trouve aussi, dans le même individu, un vaste thorax avec un crâne et un abdomen médiocres ou étroits : d'autres fois le contraire a'lieu. Par la simple description du thorax et de ses variétés, on voit que l'anatomiste possède déjà les moyens d'apprécier le développement des organes thoraciques par l'examen de leur enveloppe. Cependant, nous allons entrer dans quelques considérations, qui se rattachent encore plus spécialement à ce sujet.

Les organes thoraciques remplissent-ils exactement la cavité qui les renferme? On a cru, pendant long-temps, que les poumons ne remplissaient point les deux loges latérales du thorax, qu'il y avait un vide entre eux et les parois; d'autres ont pensé qu'il y avait de l'air. Les recherches des anatomistes modernes, n'ont laissé à cet égard aucun doute. En effet, la plus simple expérience démontre que si on enlève avec soin les muscles intercostaux d'un cadavre, et si l'on met les plèvres à découvert sans les ouvrir, on voit, à travers cette membrane transparente, la surface des poumons immédiatement en contact avec la face interne des parois thoraciques; mais si l'on fait une petite incision à la plèvre, on voit le poumon s'éloigner, diminuer de volume, et se retirer sur les côtés de la colonne vertébrale ; tel, en un mot, qu'on

le trouve à l'ouverture des cadavres, n'occupant qu'une très-petite partie de la cavité.
Mais c'est ici qu'on peut soulever le voile qui
couvre un des phénomènes cachés de la vie;
en ouvrant des animaux vivans, chez lesquels
le diaphragme est transparent; on voit, (dans
les petits chats par exemple) les poumons suivre exactement les mouvemens du diaphragme,
remonter et s'abaisser alternativement avec lui,
de sorte qu'ils sont toujours en rapport immédiat avec les parois du thorax.

On aurait une bien fausse idée des rapports
du développement des organes thoraciques avec
la cavité qui les renferme, si l'on se contentait
d'en juger d'après la simple inspection d'un cadavre ouvert.

En effet, dans les autopsies cadavériques,
on trouve les poumons retirés sur eux-mêmes
et sur les côtés de la colonne vertébrale; le cœur
et les gros vaisseaux, vides, retirés sur eux-mêmes également, et n'occupant qu'un très-petit
espace; le diaphragme souvent refoulé en haut
par le foie, et les organes gastriques distendus
par des gaz; de sorte que, quelquefois, la poitrine est réduite à un volume tel, qu'elle ne
pourrait contenir en totalité un seul lobe du
poumon rempli d'air; mais si l'on insuffle les

organes de la respiration , et si l'on injecte ceux de la circulation , on est alors étonné du volume extraordinaire que ces organes acquièrent. On voit le diaphragme revenu sur un plan presque horizontal, les poumons dépassant même le niveau de la première côte ; on voit, en un mot, la cavité thoracique exactement remplie par ses organes.

La solution de cette première question, nous conduit à celle d'une deuxième qui s'y rattache naturellement.

Les parois du thorax se moulent-elles sur les organes, ou les organes obéissent-ils au développement des parois ? Les organes thoraciques obéissent bien, en effet, au développement du thorax dans l'inspiration et l'expiration. Ces organes sont véritablement passifs ; mais il n'en est pas de même dans l'accroissement; les parois obéissent entièrement au développement des organes, et se moulent sur eux ; de sorte que, si les organes deviennent spontanément petits ou plus volumineux, les parois thoraciques se rétrécissent ou se dilatent.

Dans l'embryon, le cœur et les poumons sont déjà formés avant les parois thoraciques : celles-ci ne sont encore que membraneuses,

lorsque les organes sont déjà très-solides. Les
côtes s'ossifient promptement, mais leurs cartilages élastiques facilitent toujours le développement ou le rétrécissement des parois. A la
naissance, les poumons suivent à la vérité les
parois thoraciques, qui s'agrandissent pendant
l'inspiration; mais, comme nous l'avons déjà
dit, c'est l'accroissement que l'on doit considérer : or, ce n'est que par celui des poumons
qui prennent alors un volume et un poids total double, que les parois augmentent d'étendue en peu de jours.

Dans les individus chez lesquels tous les
organes thoraciques, ou un seul d'entre eux
acquièrent un accroissement plus considérable,
on voit la totalité du thorax ou une seule de
ses régions plus développée ou plus bombée.
Ainsi, dans les enfans, le cœur et les gros vaisseaux prédominent sur les poumons; ce qui,
dans les adultes, ne se voit guère que dans
les maladies; dans ce cas, dis-je, le diamètre
antéro-postérieur du thorax prédomine sur le
transversal. Souvent même, dans les anévrysmes
actifs des ventricules, chez les jeunes sujets, la
région correspondante au cœur est seule bombée. Nous pourrions en citer ici plusieurs
exemples très-remarquables; du reste, le même

phénomène s'observe dans les pneumonies générales ou partielles.

Lorsque la maladie occupe les deux poumons, le thorax diminue en totalité. Nous avons recueilli l'observation d'un individu très-vigoureux, mort à la suite d'une inflammation chronique de ces deux organes; le thorax était diminué d'un tiers, depuis l'invasion de la maladie jusqu'à la mort, abstraction faite des parties molles qui couvrent la cavité. Nous avons, depuis, vérifié ce fait, qui est constant chez les phthisiques. Mais, rien ne frappe davantage les yeux de l'observateur, que les rétrécissemens partiels, suite d'inflammation d'un seul poumon ou d'une de ses parties. Ces organes ne pouvant se distendre, les parois obéissent, perdent ainsi d'abord leur mobilité et ensuite leur étendue.

D'après tout ce que nous venons d'exposer, il est donc évident, que la cavité thoracique est exactement remplie par les organes sur lesquels elle se moule; et si nous nous rappelons, en outre, la conformation et l'arrangement de la partie solide ou osseuse qui circonscrit la cavité thoracique, il nous sera facile d'apprécier la capacité du thorax par l'examen de l'extérieur de ses parois. Or, cet examen est toujours facile, et, dans tous les cas, on peut, en même temps, vérifier des yeux et des doigts, l'étendue du cône enveloppé de parties molles ; car, 1.° les muscles ne sont pas répandus également sur tout le thorax ; ils laissent des intervalles à travers lesquels se dessine la partie osseuse ; 2.° ensuite, le rebord de la base est toujours facile à sentir ; de sorte que l'on ne peut que très – difficilement être induit en erreur.

3.° Le tissu cellulaire, lorsqu'il est très-développé, arrondit toutes les parties ; de sorte qu'aucune saillie ne paraît extérieurement, et que tous les enfoncemens sont remplis. Les mamelles, chez la femme, forment deux saillies considérables au-devant du thorax ; mais ces dispositions, quelque marquées qu'elles soient, ne peuvent induire en erreur qu'un observateur peu attentif et peu habitué à cet examen ; car cette erreur est toujours facile à vérifier par le toucher, qui apprécie, sous la peau, l'étendue du sternum, la profondeur à laquelle se trouvent les côtes et l'étendue des différens diamètres. Nous ferons seulement observer, que les limites du thorax et de l'abdomen ne se trouvent pas positivement au rebord de la base du thorax ; mais assez exactement à un pouce au-dessus de tout ce rebord chez l'adulte ; qu'ainsi, la portion située au-dessous appartient à l'abdomen : considération importante pour l'appréciation de la prédominance thoracique et abdominale, pour la situation des organes, et les plaies pénétrantes des deux cavités. Mais, tout ce que nous avons dit sur la *thoracoscopie*, ne doit point s'étendre aux états pathologiques; puisque tantôt le poumon est réduit à un petit volume, par une collection séreuse ou purulente dans le thorax, par un anévrysme du cœur ou des gros vaisseaux ; que tantôt, au contraire, les organes de la respiration et de la circulation sont refoulés par un ascite, un foie cancéreux ou tuberculeux; que d'autres fois, enfin, tous ces organes sont naturellement transposés.

§ III.

Examen de l'abdomen pour apprécier le volume des organes renfermés dans sa cavité, ou abdominoscopie (1).

L'abdomen est la partie du corps située

(1) Abdominoscopie est tiré d'abdomen, ventre, et de σκοπέω, j'examine.

entre la poitrine et les extrémités inférieures.

La cavité abdominale est la plus grande des cavités splanchniques ; sa forme est ovoïde ; elle contient les principaux organes digestifs, urinaires et génitaux. Ces organes sont peu variables dans leur situation et leurs rapports ; en procédant de haut en bas et de droite à gauche, on trouve, en haut le foie, l'estomac et la rate ; au-dessous les reins, le pancréas et les intestins ; en bas la vessie, les vésicules séminales, l'utérus et ses dépendances.

Les parois abdominales présentent six régions principales ; *une supérieure ou diaphragmatique*, est très-mince, formée par le diaphragme qui sépare la poitrine de l'abdomen ; elle ne peut s'apercevoir dans un corps entier. Cette paroi correspond, dans la poitrine, au cœur et à la base des poumons ; dans l'abdomen, au foie, à l'estomac et à la rate. Cette paroi présente trois grandes ouvertures, qui sont, d'arrière en avant, les ouvertures aortique et œsophagienne, et un peu à droite, celle de la veine cave.

La région inférieure ou pelvienne, est formée par le bassin, espèce de cavité surajoutée à l'abdomen, et dans laquelle sont logés le rectum, la vessie, les vésicules séminales, l'utérus et ses dépendances. Cette région se subdivise en parties antérieure ou pubienne; en postérieure ou sacrée, qui présente extérieurement les fesses séparées par un sillon médian; en latérales ou hanches, qui présentent l'articulation des cuisses; et en partie inférieure ou périnéale, comprise entre les extrémités supérieures des cuisses, et dans laquelle se trouvent, en arrière, l'anus, et en avant les organes de la copulation.

La région postérieure ou lombaire, est formée par la colonne vertébrale et par les muscles volumineux qui s'y insèrent; elle est la plus épaisse. Cette région présente, extérieurement un sillon médian, où l'on sent sous la peau la saillie des apophyses épineuses des vertèbres lombaires; intérieurement elle offre une large saillie formée par le corps des vertèbres.

Les régions antérieure et latérales de l'abdomen sont beaucoup plus minces; l'antérieure présente extérieurement, en haut, un petit enfoncement qu'on appelle vulgairement le creux de l'estomac, et dans lequel on sent, sous la peau, l'appendice xyphoïde du sternum; en bas, cette région se termine au pubis; au milieu, et de chaque côté au pli de l'aine qui la sépare de la cuisse. Les régions antérieure et latérales sont formées par les muscles grands obliques, petits obliques et transverses, appliqués les uns sur les autres; en avant par les muscles droits, en bas par les pyramidaux. Ces muscles et leurs aponévroses, par leur superposition et leur réunion, forment un plan charnu et aponévrotique très-fort, qui s'étend de haut en bas, depuis la base de la poitrine jusqu'à celle du bassin, et depuis les côtés de la colonne lombaire, jusqu'à la ligne médiane antérieure.

Nous ne devons point nous arrêter davantage à la description de l'abdomen; car, outre que nous devons supposer, comme pour les autres cavités, ces connaissances déjà acquises; nous voyons encore, que la cavité abdominale, dont les parois sont molles et dilatables, doit se mouler sur les organes, et laisser nécessairement reconnaître leur développement. Nous ajouterons cependant encore quelques réflexions qui trouveront ici leur place.

Nous rappellerons d'abord, ce que nous avons déja dit dans la *thoracoscopie*, que pour bien apprécier les limites de la région diaphragmatique, il faut considérer l'attache du diaphragme à un pouce au-dessus du pourtour de la base du thorax, visible au dehors.

Les parois antérieure, latérales et supérieure, formées de parties molles, sont susceptibles d'une grande mobilité dans les différentes attitudes que l'on prend, dans l'état de plénitude et de vacuité des organes digestifs, pendant l'inspiration et l'expiration ; mais les variétés de volume et de forme qui en sont les suites nécessaires, ne sont que passagères, et se manifestent de la même manière chez tous les hommes ; de sorte que, nous ne devons porter notre attention que sur le volume *permanent* de l'abdomen, en comparant les individus entre eux ; ainsi les uns sont remarquables par la grande capacité de leur ventre, tandis que d'autres l'ont très-rétréci : l'anatomie comparée des animaux, nous met en opposition les carnivores aux herbivores ; c'est ce développement *permanent* ou *constitutionnel* de l'abdomen, qui indique celui des organes qui y sont contenus ; car cette cavité, à parois molles et dilatables, ne peut que se mouler sur ces organes. En outre, l'observation démontre, que dans l'homme sain, toujours les viscères abdominaux sont volumineux, en raison du développement de la cavité qui les renferme ; que la différence que peut donner la graisse, tant celle des parois que celle de l'intérieur, est facile à apprécier et ne peut induire en erreur l'anatomiste observateur.

9

Après avoir exposé comment, les organes crâniens, thoraciques et abdominaux, qui constituent presque à eux seuls l'économie, forment trois groupes bien distincts, sous les rapports de leur structure, de leur situation et surtout de l'analogie de leurs fonctions ; nous avons démontré comment, dans l'état de santé, le volume relatif des organes indique leur énergie. Nous avons examiné ensuite, les moyens d'apprécier, plus particulièrement dans l'homme, le développement des organes splanchniques par l'examen des cavités qui les renferment ; nous allons maintenant nous occuper de développer les effets de la prédominance des organes crâniens, thoraciques et abdominaux, les uns sur les autres ; d'où naissent les tempéramens ou constitutions.

DEUXIÈME PARTIE.

CHAPITRE PREMIER.

Des Tempéramens ou Constitutions (1).

D'après ce que nous avons vu dans la première partie de cet ouvrage, les tempéramens ou constitutions, sont *des variétés dans l'homme et les espèces animales, qui résultent des différentes proportions des trois grandes cavités splanchniques.*

(1) Les mots *constitution* et *tempérament* doivent être aujourd'hui synonymes ; les dispositions organiques et physiologiques moins importantes, et qui sont aussi variées que les individus, constituent des *idiosyncrasies.* On peut aussi se servir, dans beaucoup de cas, du mot *prédominance*, pour indiquer le tempérament; ainsi, par exemple, on dira indistinctement de tel individu, qu'il est *du tempérament crânien*, ou que son *crâne prédomine*, ou que *ses organes encéphaliques ont une prédominance plus ou moins forte.*

9..

On distingue, dans l'homme, sept tempéramens; le premier, est le *mixte;* c'est celui dans lequel les cavités splanchniques sont proportionnées. Les deuxième, troisième et quatrième sont les tempéramens *crânien, thoracique, abdominal,* selon que le crâne, ou le thorax, ou l'abdomen prédomine. Enfin, des combinaisons binaires, c'est-à-dire, suivant la prédominance du crâne et du thorax sur l'abdomen, ou bien du crâne et de l'abdomen sur le thorax, ou enfin, des deux derniers sur le premier, résultent les trois autres tempéramens, savoir ; le *crânio-thoracique, le crânio-abdominal, et le thoraco-abdominal.*

Faisons remarquer ici que, pour mieux faire ressortir les caractères, ou les différences de chaque tempérament, nous allons en donner des descriptions, qui porteront principalement sur des individus chez lesquels il est fortement prononcé ; car, s'il n'y a que peu de différence, par exemple, entre un *mixte* et un *crânien* peu prononcé, il y en a de grandes entre ce même *mixte,* et un *crânien* qui l'est beaucoup.

Les individus qui se trouvent dans cet intermédiaire sont toujours des *crâniens,* mais plus ou moins développés : de sorte que dans les observations médicales, il est utile d'énoncer non-seulement le tempérament de l'individu , mais il faut aussi, pour plus de précision, noter, s'il est peu ou médiocrement, ou très-développé : l'habitude d'observer dans ce sens, facilitera bientôt cette évaluation.

§. I.er

TEMPÉRAMENT MIXTE.

Juste proportion des Cavités splanchniques.

Nous partons d'un terme de comparaison que tout le monde peut saisir : il n'est personne, quelque peu observateur qu'il soit, qui ne reconnaisse facilement si l'abdomen d'un individu est proportionné à son crâne et à sa poitrine, si l'une de ces cavités prédomine sur l'autre. La disposition physique dans laquelle aucune des cavités splanchniques ne prédomine, constitue le *tempérament mixte ;* qui renferme en apparence des hommes bien différens, mais qui présentent des rapports importans dans leurs fonctions, dont aucune ne prédomine : on y trouve rassemblés des individus d'une petite taille et d'une haute stature, des hommes gros et minces, ceux dont l'ensemble est le type du beau, avec d'autres qui en sont très-éloignés; mais qui, tous, ont une juste proportion de volume et d'énergie entre leurs organes crâniens, thoraciques et abdominaux; caractère essentiel de ce tempérament.

L'Apollon du Belvédère, ouvrage immortel du ciseau grec, est une belle variété de la constitution *mixte ;* car, non-seulement aucun des organes splanchniques ne prédomine, mais il y a une juste proportion dans les membres comparés à tout le corps, et comparés entre eux; les os, les muscles, les vaisseaux, les nerfs, le tissu cellulaire, toutes ces parties secondaires sont aussi dans de justes proportions.

Ce chef-d'œuvre de l'art, représente l'homme dans son type le plus parfait; il n'a rien de trop énergique, ni de trop faible; c'est l'homme physique accompli, dans lequel il n'y a rien de trop, et assez de tout. Phidias, inspiré, a créé quelque chose de céleste !... Ce cerveau ne peut être le siége de passions trop violentes et trop im-

pétueuses, quoiqu'il puisse les éprouver toutes. Ses facultés intellectuelles, assez développées, ne l'entraînent point dans le vague des hy-
pothèses et des conjectures ; son sang n'est ni
trop fibrineux, ni trop animalisé ; ses fonctions
abdominales se font aussi librement ; le chyle
est séparé et absorbé en suffisante quantité
pour la réparation de ce beau corps ; les membres ont tout ce qu'il faut pour exercer, avec
le plus de facilité possible, tous les mouvemens nécessaires à cet ensemble ; la physionomie, elle-même, représente, dans tous ses
traits, cette égalité parfaite de tout le corps.

Quelques peintres modernes ont donné à
leur Apollon, l'attitude, la majesté de celui du Belvédère, et les belles proportions
de ses membres ; mais ils ont seulement un
peu rétréci le ventre et agrandi le crâne et le
thorax ; de sorte qu'ils l'ont rendu un peu *crânio-thoracique*, et qu'il représente une force
morale et physique plus grande que l'Apollon
de Phidias ; mais il n'est plus ce terme moyen
en tout, ce type de l'égalité, de la santé, et
de la beauté.

Le tempérament *mixte* est très-répandu en
France ; on l'observe plus fréquemment pendant la maturité de tous les organes, depuis

la vingtième jusqu'à la quarante-cinquième année.

Lorsqu'aucune des fonctions ne prédomine, elles ne sont généralement ni trop, ni trop peu énergiques ; et de cette disposition, résulte un bien-être que ne peut éprouver celui, par exemple, chez lequel l'encéphale domine ; et quoique l'homme *mixte* puisse éprouver, par les circonstances de la vie, de violentes passions, et qu'il ait des facultés développées, il ne sera point, comme le *crânien*, livré aux tourmens insupportables qu'il se crée souvent lui-même, et dont il trouve la source dans sa propre organisation (1).

Dans la constitution *mixte*, le sang n'est ni formé en trop grande quantité, ni trop fibrineux, ni poussé avec trop de force dans les organes, qui n'en reçoivent que la quantité nécessaire à l'exercice de leurs fonctions. Le chyle n'est aussi formé qu'en suffisante quantité pour

(1) Du reste, toutes les vertus et tous les vices pouvant se manifester indistinctement, quoiqu'à des degrés différens de force, dans tous les tempéramens, nous ne devons assigner à celui-ci, ainsi qu'à tous les autres, aucun caractère moral particulier; mais considérer les facultés et les passions d'une manière spéciale, et sous les seuls rapports de l'ensemble de leur force ou de leur faiblesse relatives.

la réparation des pertes. Les hommes de ce tempérament jouissent généralement d'une parfaite santé; ils sont propres à tout, disposés à tout; ils passent facilement à une autre constitution ; car, si les organes de l'une des cavités splanchniques s'exercent fortement pendant un certain temps, ils deviennent bientôt prédominans sur les autres, surtout à certaines époques de l'âge ; de sorte que le *mixte* devient facilement, et souvent assez promptement, ou *crânien*, ou *thoracique*, ou *abdominal.*

Le tempérament *mixte* n'étant par lui-même disposé à se livrer à aucun excès d'exercice, ne l'est par conséquent à aucune maladie ; et toutes celles qui peuvent l'affecter accidentellement, n'en peuvent recevoir aucune influence directe.

§. II.

TEMPÉRAMENT CRANIEN OU ENCÉPHALIQUE.

Prédominance relative du crâne sur la poitrine et l'abdomen.

Les hommes qui ont le crâne relativement

vaste, le front large, élevé, l'angle facial très-ouvert, l'abdomen et la poitrine peu développés et les formes grêles, ont les facultés intellectuelles et les passions très-énergiques, tandis que les fonctions des organes pectoraux et abdominaux le sont peu. Telle est une des variétés du tempérament que l'on retrouve très-développé dans la plupart des grands hommes qui se sont illustrés en tout genre, par leurs grands crimes ou leurs grandes vertus; les plus cruels tyrans, les chefs de secte, les grands écrivains, *Catilina, Tibère, Brutus, Cassius, César, Cicéron, Virgile, Scarron, Pascal, Pope, le Tasse, Zimmermann, Molière, Voltaire, J. J. Rousseau,* etc. Tous, d'après leurs historiens, étaient maigres et grêles; tous, remarquables par la prédominance des organes crâniens sur ceux de la poitrine et de l'abdomen; tous, susceptibles des émotions les plus profondes, et dévorés par la soif de la gloire et des honneurs. On ne doit point s'étonner de trouver dans le même tempérament des hommes si différens, qui ont été l'effroi ou l'admiration de l'univers, si l'on réfléchit que les passions sont la cause de tout ce que l'homme fait de grand, soit en bien, soit en mal; que les grands poëtes, les héros, les grands criminels, les conquérans, sont des hommes passionnés qui ne diffèrent les uns des autres que par la grande énergie de passions et de facultés différentes; mais pour caractériser la constitution qui nous occupe, il suffit que les organes encéphaliques en général, prédominent par leur volume et leur énergie, sur tout le reste de l'individu. Lorsque ce tempérament est très-prononcé, il est rare que l'abdomen et le thorax aient un grand développement, car il faudrait alors un encéphale énorme pour prédominer; aussi, le plus généralement le *crânien* très-prononcé est peu fort et peu robuste, ses digestions sont imparfaites, ses alimens passent promptement sans être complètement digérés.

Les sécrétions abdominales sont rares, la constipation est fréquente; mais toutes les actions qui prennent leur source dans l'encéphale sont énergiques; les plus faibles désirs pour les autres hommes, sont pour eux des passions; les vertus et les vices sont portés au dernier degré, et quoique toutes les facultés et tous les penchans soient en général très-développés, les circonstances favorisent toujours la prédominance des uns ou des autres; de sorte que pour étudier le *crânien* dans les nuances variées de ses fonctions cérébrales, il faut le considérer, depuis son état de nature, errant dans les bois et privé des arts consolateurs, jusqu'au terme, où façonné au joug social, éclairé par le flambeau des sciences, il est le jouet de toutes les passions qu'il peut successivement avoir à un extrême degré. Il faut aussi considérer ses différences dans les âges, les sexes, les professions, et les circonstances variées de la vie (1). Le tempérament *encéphalique* se trouve dans tous les âges, mais il est plus fréquent et plus développé depuis sept jusqu'à trente ans.

Dans l'enfance, les organes crâniens étant relativement très-volumineux, leurs fonctions sont aussi très-énergiques; et quoiqu'ils aient alors besoin, pour agir, d'une espèce d'éducation, c'est à cet âge que l'on acquiert de nombreuses connaissances, que l'erreur et la vérité germent en même temps. Profitons donc de ce trop court espace de notre vie, car lors-

(1) Dans ce tempérament seulement, nous énoncerons quelques nuances de ses fonctions cérébrales, qui ne sont ici plus remarquables qu'en ce qu'elles sont plus prononcées, et qu'elles ont des résultats plus nombreux et plus importans que dans les autres constitutions.

que par les années notre cerveau sera inférieur en volume aux autres organes, il aura moins d'énergie, et nous aurons peu d'aptitude à acquérir de nouvelles connaissances. Mais c'est dans l'âge adulte, et au milieu des sociétés très-civilisées, que nous devons chercher à déchirer le voile qui couvre le penchant *du crânien,* car il est bon ou terrible, et par cela même à rechercher ou à éviter. Son cerveau, depuis l'enfance, a-t-il conservé la prédominence de son volume et de son énergie sur tous les autres organes? nous sommes épouvantés ou ravis d'admiration à l'aspect de ce front large et bombé, de ce crâne vaste supporté par un corps sec et maigre (1); de ces yeux ou brille le feu du génie et des passions.

(1) Un jour, lorsqu'on accusait auprès de César, Antoine et Dolabella, comme des gens qui remuaient et qui machinaient contre lui quelques nouveautés : « Oh ! dit-il, je ne crains pas beaucoup des gens si gras et si bien peignés, mais plutôt ces pâles et ces maigres, » voulant parler de Brutus et de Cassius. Plutarque nous apprend aussi que les sculpteurs représentaient *Périclès* la tête couverte d'un casque, parce qu'elle était trop disproportionnée avec le reste de son corps, qui était bien fait ; il rapporte, en outre, ce que disaient, à ce sujet, plusieurs écrivains du temps de ce grand homme ; et entr'autres le

Pourrions-nous le suivre dans ses détours?
Sous l'apparence du calme le plus profond, il
peut ourdir la trame la plus perfide. Craignez-
le, si vous avez excité sa haine; il ne sait hair à
demi, il a de grandes ressources pour agir sur
vous; il ne vous frappera que pour vous faire
une plaie profonde et difficile à guérir.

Attendez-vous de sa part à des actions durables; il sera votre plus implacable ennemi,
comme votre ami le plus affidé; son âme est
forte, et son corps, quoique faible, est susceptible de déployer toutes ses forces. Son imagination, le plus ordinairement ardente, le promène et le transporte dans toute sorte de
situations; tantôt en silence, et ravi en extase,
il contemple la nature et s'élève à son auteur;
ou d'un pas inégal, la tête baissée, il fuit la
société des hommes, pour s'enfoncer dans les
lieux les plus solitaires, et se livrer à des
réfléxions souvent importunes. Il est remarquable que la plupart des *crâniens* ont une

poète Téléclidès : « *Tantôt on le voit assis au milieu de la*
» *ville, fatigué de la pesanteur de sa tête, et ne sachant*
» *quel parti prendre dans le désordre où il a mis l'État, et*
» *tantôt on voit sortir de sa tête monstrueuse des tonnerres et*
» *des éclairs, avec un bruit épouvantable.* » (Plutarque,
traduction de Dacier.)

mélancolie assez prononcée (1) et un caractère original qui va souvent jusqu'à la folie ; c'est ce qui a fait dire à Sénéque, *non est magnum ingenium sine mixtura dementiæ ;* c'est donc dans cette constitution que l'on trouve plus d'hommes nés pour les grandes choses : envain, souvent la naissance les a placés dans un rang inférieur : on les voit se roidir contre tous les obstacles, et s'efforcer de grimper aux honneurs

---

(1) *Aristote* assure que tous les grands hommes de son temps étaient mélancoliques. Cette disposition de l'esprit est généralement très-marquée dans les hommes livrés à l'étude des sciences et des beaux-arts ; elle paraît sur-tout s'exaspérer au moment de leur composition : *Saint-Augustin , Pascal , J. J. Rousseau, Young* , et tous les grands hommes qui nous ont transmis l'état de leur ame , nous l'ont fait voir extraordinairement tourmentée et accablée de la plus sombre tristesse.

Les anciens nous ont représenté *Orphée ,* assis sur le rivage de la mer , les yeux fixés sur le sable; il reste d'abord long-temps livré à sa pensée ; il est agité , il est tourmenté ; il est consumé du désir de connaître la nature ; enfin , il promène ses regards sur l'immensité de la mer , puis vers l'Olympe , comme pour implorer le secours des Dieux immortels ; il est alors dans une anxiété extrême , et bientôt il laisse échapper des larmes de douleur et d'amertume.

et à la gloire par des routes inconnues au reste des hommes.

Mais les nuances du moral *du crânien* seront mieux senties, si de celui qui est parvenu au plus haut degré de la civilisation, qui passe sa vie à l'étude des hautes sciences, nous jettons nos regards, sur ceux que les circonstances de la vie ont placé très-diversement ; nous voyons de grandes dispositions, tantôt prendre une direction vicieuse, d'autrefois même, rester tout-à-fait incultes ; car, depuis le philosophe qui s'occupe de grandes choses, jusqu'à l'homme que les circonstances de la vie ont forcé de s'occuper continuellement d'intrigues, de spéculations, jusqu'à la petite-maîtresse, occupée continuellement de sa toilette, de ses amours, de ce que l'on pense, de ce que l'on dit d'elle ; qui continuellement sur ses gardes, passe des nuits entières à penser, à réfléchir à ce qu'elle a vu, à ce qu'on lui a dit, à ce qu'elle verra, à ce qu'on lui dira, l'observateur trouve des différences immenses ; mais dont les dispositions portées à un très-haut degré, annoncent toujours des êtres chez lesquels l'encéphale domine ; et pour descendre aux exemples, ne voyons-nous pas tous les jours, combien les circonstances de la vie changent les hommes, combien une mauvaise direction imprimée à l'exercice des fonctions cérébrales, les change et les altère.

Tel individu, dont l'organisation cérébrale est très-forte, passe cependant ses jours, et emploie toutes ses facultés et ses passions à des occupations de peu d'importance; il cause continuellement, il crie, il s'agite, il écrit contre ses confrères, il se tourmente et se creuse la tête à rechercher des formules et des poudres merveilleuses. Uu autre, avec la même organisation, est entrainé pendant les plus beaux jours de sa vie, et les plus importans pour sa destinée, à une passion dominante, à celle du jeu ou de la débauche.

Un troisième, placé dans le commerce, ne peut s'occuper que d'objets mercantiles et de petits détails;

Un quatrième, enfin, dans le sein des campagnes, abandonné aux seuls soins de la nature, irrésistiblement fixé à sa demeure solitaire, ne peut exercer qu'un petit nombre de facultés et de passions.

On voudrait toujours trouver du génie et de l'esprit dans ceux qui sont riches, qui ont de grandes places; qui, en un mot, sont favorisés de la fortune; et au contraire, l'absence

10

de ces avantages, dans ceux qui sont pauvres, malheureux et méprisés.

Mais, l'observation démontre que le contraire a très-souvent lieu, et les causes en sont faciles à saisir, si l'on réfléchit d'abord, que c'est la naissance, qui donne le plus ordinairement la fortune et par suite les dignités; qu'ainsi ces avantages sont indépendans de l'esprit; qu'en outre, le hasard aveugle est souvent la plus puissante cause de la situation de l'homme : « Il y a même, dit La Bruyère, des » stupides, et j'ose dire des imbécilles qui se » placent en de beaux postes, et qui savent » mourir dans l'opulence, sans qu'on les doive » soupçonner en nulle manière d'y avoir con- » tribué de leur travail ou de la moindre in- » dustrie : quelqu'un les a conduits à la source » d'un fleuve, ou bien le hasard seul les y a fait » rencontrer, on leur a dit : voulez-vous de » l'eau? puisez; et ils ont puisé » (1).

Le génie devient souvent même un obstacle à la richesse; absorbé dans ses réflexions profondes; l'homme entraîné par son génie, abandonne souvent aux hommes vulgaires, qui y attachent plus d'importance que lui, tous ces

(1) Des biens de fortune, tome 1.er, page 195.

petits intérêts, toutes ces spéculations qui conduisent ordinairement à la fortune. D'un autre côté, il est aussi souvent repoussé des autres hommes auxquels il porte ombrage; car une trop fréquente observation a démontré que lorsque semblable à Prométhée, l'homme a dérobé le feu du ciel, il doit s'attendre à tous les maux de la vie; à voir la race humaine irritée de son audace, le traiter d'insensé et de furieux.

Cependant, le *crânien* a encore plus de ressources dans les sociétés civilisées, que dans l'état sauvage, dans les grandes villes que dans les campagnes, où, n'ayant point la force physique qui forme le principal appui du laboureur, il passe souvent une vie pénible et douloureuse. Le *tempérament crânien* est beaucoup plus fréquent dans l'homme que dans la femme; il est plus répandu dans les pays libres, ou dans ceux qui depuis long-temps éprouvent de grandes secousses politiques, en Angleterre, en France et en Espagne, que dans ceux qui ont toujours été courbés sous le joug du despotisme. Il est aussi plus répandu et plus développé dans les grandes villes que dans les campagnes, dans les classes de la société qui se livrent à l'étude des sciences et des beaux

10..

arts, ou qui vivent dans la mollesse et les plaisirs, que dans celles qui sont livrées aux travaux physiques.

Il est généralement reconnu que, lorsque
dans l'homme le cerveau domine, cet organe
est plus disposé, plus apte à agir, et si cette
prédominance est très-considérable, l'individu
a même un penchant insurmontable à exercer
son organe développé ; de là, un exercice continuel des facultés et des passions. Cet exercice
plus fréquent, plus complet, augmente encore
la nutrition, le volume, et par suite l'énergie
de l'organe : en outre, l'observation démontre,
que plus le cerveau s'exerce, plus tous les autres organes sont obligés de se reposer ; car ils
ne peuvent tous s'exercer librement en même
temps. De là, la diminution de leur nutrition,
et la faiblesse de leurs fonctions (1).

Ainsi les maladies de ce tempérament, sont
toutes celles qui peuvent être la suite d'un
exercice immodéré des organes crâniens, et du

(1) Les dispositions que les auteurs ont désignées sous
les noms de *tempérament mélancolique et tempérament ner-*
veux, sont, comme nous l'avons vu, dans notre Examen
des doctrines, des états pathologiques, ou des variétés
individuelles très-fréquentes dans la constitution *crânienne.*

repos trop absolu de ceux de la poitrine et de l'abdomen. La plupart des maladies appelées névroses lui appartiennent; elles ont leur siège dans les organes crâniens, elles réclament, en général, un dégorgement de ces organes, qui deviennent fréquemment le siège de congestions. Les antispasmodiques et les calmans sont aussi plus indiqués, que dans les autres constitutions.

Mais, c'est surtout auprès de ces individus dont l'imagination est ardente, que le médecin doit se servir des connaissances profondes du cœur humain, qu'il doit chercher à reconnaître les causes de la maladie, pour diriger le moral de l'homme qui s'abandonne aux excès de sa sensibilité. Pour les prévenir, l'hygiène nous enseigne, qu'il faut exercer le corps aux dépens de l'esprit. Les convulsions étaient épidémiques à la Cour; elles cessèrent quand le célèbre Tronchin prescrivit aux dames de frotter leurs appartemens.

§. III.

TEMPÉRAMENT THORACIQUE.

*Prédominance relative du thorax sur le crâne
et l'abdomen.*

Ce tempérament est essentiellement caractérisé, par un crâne petit, et un abdomen res-
serré relativement à la poitrine qui prédomine
par son volume et son énergie. La statue de
l'Hercule du palais Farnèse, en forme le plus
beau modèle idéal; c'est généralement la constitution des forts de la halle, des boulangers,
des robustes habitans des campagnes; dans ces
hommes, la partie antérieure de la poitrine est
arrondie également des deux côtés, les épaules
basses et effacées, les muscles volumineux,
fermes et fortement prononcés sous la peau; la
respiration consomme une très-grande quantité d'oxygène; l'inspiration est grande, la voix
forte, la sanguification abondante, la chaleur
animale très développée, et la force musculaire très-considérable (1); le cœur se contracte

(1) La prédominance thoracique entraîne une grande
force physique, puisque, d'un côté, les muscles deviennent plus facilement et plus promptement robustes; qu'en

fortement, et précipitant dans tous les organes une grande quantité de sang revivifié, il leur imprime un mouvement général, qui facilite leurs fonctions, sans leur donner pour cela plus d'énergie : le pouls est aussi remarquable par sa force, sa plénitude et sa régularité.

Dans l'enfance et chez la femme, la poitrine est peu développée, relativement au crâne et à l'abdomen ; ce n'est qu'à l'âge de seize à dix-huit ans, dans nos climats, que les organes thoraciques et les muscles prennent tout leur accroissement. Ce n'est qu'alors, que l'athlète se prépare au combat ; certain de vaincre et de surmonter toutes les résistances, il compte sur ses forces, et sort victorieux.

Le *thoracique* est d'autant plus propre aux grands travaux physiques, et d'autant moins à la culture des sciences et des beaux arts, qu'il

outre, le thorax est le point d'appui de tous les grands mouvemens : sans un thorax développé, l'homme ne peut soutenir long-temps la course ; envain ses muscles seront volumineux, ils ne pourront exercer de grands mouvemens, si le thorax est faible ; aussi les grands coureurs, les hommes remarquables par leur force physique, ont-ils tous essentiellement le thorax prédominant, quoique, quelquefois, leurs muscles ne soient pas développés en raison de cette prédominance.

est plus prononcé. Dans les grandes villes et dans les classes élevées de la société, on empêche souvent son développement par le repos du corps et les travaux de l'esprit; mais c'est au sein des campagnes qu'on le trouve très-répandu et très-développé; couvert de sueur et de poussière, on le voit partager docilement les durs travaux du bœuf et du cheval. Dans les armées il est meilleur soldat que capitaine (1).

Le bien-être, la joie et la gaieté s'allient plutôt avec le tempérament thoracique, que la tristesse et la mélancolie; car les noirs soucis et les passions violentes tourmentent peu les hommes de cette constitution, qui jouissent ordinairement d'une santé robuste et rarement interrompue par les maladies; mais lorsqu'ils en sont atteints, elles sont franches et plutôt aiguës que chroniques. Les congestions de la poitrine les font succomber d'autant plus promptement qu'ils sont plus robustes; car dans ces individus le choc est terrible et le combat mortel; elles réclament, en général, les anti-

_____

(1) On sait que les Allemands et les Polonais, chez lesquels cette constitution est très-répandue et très-développée, sont fort dociles et font d'excellens soldats.

phlogistiques les plus énergiques : les *saignées générales* et *locales.*

~~~~~~

§. IV.

TEMPÉRAMENT ABDOMINAL.

Prédominance relative de l'abdomen sur le crâne et le thorax.

Rien de plus facile à reconnaître que ce tempérament, dans lequel l'abdomen prédomine par son volume et son énergie sur le crâne et la poitrine.

La paroi antérieure de la grande cavité abdominale, forme une saillie considérable en avant; le bassin est large et développé, le tissu cellulaire ordinairement très-répandu dans tout le corps.

Le chyle est formé en grande quantité, et souvent plus abondant qu'il ne faudrait pour réparer les pertes et pour fournir à la nutrition ; il est transformé en graisse, qui est déposée dans le tissu adipeux. Toutes les sécrétions abdominales sont aussi, en général, très-considérables.

Comme tous les autres organes, lorsque ceux de la cavité abdominale prédominent, ils sont plus aptes à agir, et de cette aptitude naît un exercice plus complet, plus continu ; et comme pendant leur action, ceux de l'encéphale et du thorax ne peuvent s'exercer librement, les organes abdominaux tendent encore à augmenter de volume et d'énergie aux dépens de tous les autres ; de sorte que l'abdominal très-développé a peu de facultés, peu de passions et peu de forces physiques ; naturellement lent dans ses actions, il ne s'occupe guère qu'à satisfaire les besoins de ses organes prédominans ; il s'abandonne facilement aux plaisirs de la table ; il ramasse, comme on l'a dit, toutes ses forces et son esprit dans son lourd abdomen qu'il peut à peine traîner ; *latamque trahens inglorius alvum ;* il passe sa vie au sein de la paix et de l'oisiveté ; mange, boit et dort alternativement.

Cependant, lorsque dans un individu, ce tempérament n'est qu'accidentel et acquis, il conserve encore quelque chose de son état primitif. S'il a été *crânien* pendant long-temps dans sa jeunesse, il se sert des connaissances qu'il a acquises, et quelques passions se montrent encore énergiques ; de sorte que, celui qui a commencé et conçu de grands projets, pendant la prédominance de son crâne, peut encore les poursuivre, lorsque son abdomen prédomine.

Le tempérament *abdominal* est plus répandu dans les grandes villes que dans les campagnes, plus commun en Allemagne, en Hollande, en Angleterre (1) qu'en France, où il est presque toujours acquis ; car il ne se développe qu'à l'âge de trente-cinq à quarante ans, lorsque l'homme, plongé dans les douceurs d'une vie molle et paisible, exerce seulement ses organes digestifs.

L'observation démontre que l'on peut prévenir son développement par l'habitude de la tempérance dans le boire et le manger, et par le grand exercice des organes thoraciques et crâniens.

L'abdominal très-prononcé jouit rarement d'une forte santé ; ses maladies sont lentes, elles deviennent facilement chroniques. Ce sont, plus fréquemment, des congestions abdominales, produites par les excès d'exercice des organes de cette cavité; aussi les dérangemens des sécrétions et les irritations de ces

(1) En Angleterre , les deux extrêmes paraissent très-répandus; il y a beaucoup de *crâniens* , et beaucoup *d'abdominaux* très-prononcés.

viscères sont-ils très-fréquens dans les individus de cette constitution. Les saignées locales, les adoucissans tant externes qu'internes,
sont les principaux moyens que la médecine
met en usage ; mais le régime est surtout d'une
haute importance.

§. V.

TEMPÉRAMENT CRANIO-THORACIQUE.

Prédominance du Crâne et de la Poitrine sur l'Abdomen.

Le *tempérament crânio-thoracique* est directement opposé à *l'abdominal :* le crâne et la
poitrine sont très-vastes relativement à l'abdomen.

Dans ce tempérament bien développé, les
muscles sont durs et prononcés, le tissu cellulaire très-rare dans toutes les parties ; les
fonctions des organes crâniens et pectoraux
sont très-énergiques ; la force morale, réunie
à la force physique, trouve peu de résistance ;
de là, de vastes entreprises, et l'aptitude à les
poursuivre et à surmonter tous les obstacles.
S'il ne peut atteindre à la profondeur du *crâ-*

nien et à la grande vigueur du *thoracique, il a de grands avantages sur l'un et sur l'autre isolés ;* c'est lui qui veut gouverner et qui gouverne, qui veut vaincre et qui est vainqueur. Il est en même temps au combat, soldat intrépide et grand commandant. C'est, en un mot, le tempérament des grands conquérans, des usurpateurs (1).

Le tempérament *crânio-thoracique* appartient plus particulièrement à l'homme ; c'est lui qui le constitue roi de tous les êtres. Son plus haut degré d'énergie s'observe depuis la vingtième jusqu'à la quarantième année ; souvent, à cet âge, l'abdomen augmente, et celui qui commandait à l'univers, ne devient bientôt qu'un homme médiocre.

Le *thoraco-crânien* est peu sujet aux maladies ; il passe ordinairement sa vie au milieu de l'orage des passions et des grandes entreprises ; mais lorsqu'il en est atteint, on voit alors se développer ces phlegmasies aiguës avec ataxie, qui menacent promptement ses jours.

(1) C'est aussi celui des grands opérateurs ; c'est, par conséquent, le plus désirable pour un chirurgien ; tandis que le crânien paraît généralement plus propre à l'exercice de la médecine.

Comme cette constitution est la plus avantageuse que l'homme puisse avoir, du moins, dans l'état actuel de la société, on doit favoriser son développement par un grand exercice des organes thoraciques et crâniens, aux dépens de ceux de l'abdomen.

~~~~~~~~~~~

§. VI.

TEMPÉRAMENT CRANIO-ABDOMINAL.

Prédominance relative du crâne et de l'abdomen sur le thorax.

Opposé au *thoracique*, le tempérament *crânio-abdominal* se reconnaît à un crâne vaste, et à un abdomen volumineux, relativement à la poitrine qui est étroite; les muscles sont peu développés; le tissu cellulaire assez répandu dans tout le corps, de sorte qu'ordinairement les formes sont arrondies et gracieuses.

Tels sont les caractères de la constitution qui appartient plus particulièrement à la femme et à l'enfance. Dans la femme, les organes génitaux contribuent beaucoup à la prédominance de son abdomen; l'utérus est surtout le siége de fonctions très-importantes.

Dans cette constitution très-prononcée, la chylification et toutes les sécrétions abdominales sont en général abondantes. Les fonctions des organes thoraciques sont peu énergiques ; tandis que celles de l'encéphale le sont beaucoup, quoiqu'il ne puisse résulter de leur action, ces découvertes, ces vastes et étonnans projets, ces sectes, ces religions, qui conduisent des *crâniens* ou des *crânio-thoraciques* à l'immortalité. Livrés le plus généralement à l'empire de l'amour physique et moral, s'ils recherchent les plaisirs, les danses et les festins, ils en font tout le charme et le bonheur.

Tels sont les avantages de ce tempérament lorsqu'il est médiocrement prononcé ; mais lorsqu'il l'est beaucoup, ces avantages sont balancés par de nombreux inconvéniens ; car ce sont alors les êtres les plus disposés aux maladies, et l'on peut ajouter aux plus dangereuses. On sait combien un thorax étroit dispose aux affections chroniques des organes qu'il renferme, aux variétés nombreuses de phthisies.

Les maladies de l'encéphale, les affections dites *nerveuses*, les dérangemens des sécrétions et les irritations abdominales, sont aussi le partage des individus de cette constitution, dont le trop grand développement doit être prévenu par des exercices actifs, et par tous les moyens qui peuvent augmenter la force des organes thoraciques aux dépens de ceux du crâne et de l'abdomen.

§. VII.

TEMPÉRAMENT THORACO - ABDOMINAL.

Prédominance relative du thorax et de l'abdomen sur le crâne.

Il est facile de reconnaître ce tempérament à la petitesse du crâne, relativement au thorax et à l'abdomen ; à la prédominance de la face sur le crâne (1) ; au grand développement re-

(1) On peut souvent reconnaître le tempérament d'un individu, à la seule inspection de sa face ; cette partie représentant assez les proportions de volume des cavités splanchniques. La face peut être partagée en trois parties bien distinctes ; l'une supérieure, ou le front, dont le développement indique assez celui du crâne ; l'autre, moyenne, s'étend des yeux à la bouche ; elle comprend le nez et les parties supérieures des joues ; elle est aussi généralement développée en raison du thorax. La troisième partie de la face comprend la bouche, le menton, et les parties inférieures des joues ; son développement est en

latif des muscles, des os et du tissu cellulaire.
Il est donc directement opposé au crânien, de
sorte que les fonctions qui donnent à l'homme
sa supériorité sont moins énergiques, que celles
qui le rapprochent de la brute; mais ces êtres
n'en sont pas moins très-utiles pour la société;
bornés, robustes et paisibles, ils supportent
facilement de longs travaux physiques; ils

raison de l'abdomen. Ainsi, un front grand, saillant, développé, relativement au reste de la face, est l'indice
du tempérament *crânien*; le nez fort, les narines large-
ment ouvertes, les joues fortes et charnues, avec un front
étroit et une mâchoire inférieure petite, annoncent la
prédominance thoracique. La bouche et toute la partie inférieure de la face très-développées, relativement aux deux
régions supérieures, indiquent le tempérament *abdominal*.
Il est facile d'entrevoir comment on peut reconnaître les
tempéramens *crânio-thoracique*, *crânio-abdominal*, *thoraco-
abdominal*, et *mixte*.

Je ferai en outre remarquer, que les impressions que
laissent sur la face, les contractions réitérées de certains
muscles, dans telle ou telle passion, font reconnaître
l'existence de ces dispositions de l'encéphale; c'est en
combinant ces moyens avec ceux que nous avons indiqués
plus haut, que l'on peut reconnaître, par la seule inspection de la face, non-seulement le tempérament, mais les
particularités de l'existence morale d'un individu quelconque.

11

courbent docilement leur tête sous le joug du despotisme ; heureux encore de ne point sentir tout le poids de leurs chaînes !

Le *thoraco - abdominal* est plus répandu en Asie et en Afrique qu'en Amérique, et surtout qu'en Europe ; lorsqu'il est trop développé, la démence, l'imbécillité et l'idiotisme en sont une suite nécessaire ; du reste, il n'est disposé qu'aux maladies accidentelles, à une vieillesse anticipée, suite de travaux trop rudes et de la misère ; mais ceux que la naissance place dans un rang élevé, ou met seulement au-dessus des premiers besoins, vivent en général long-temps.

Telles sont les divisions auxquelles on peut rattacher tous les hommes ; mais la nature, inépuisable dans ses productions, présente des nuances variées dans les individus du même tempérament, considérés dans les âges, les sexes et les différentes espèces d'animaux.

CHAPITRE DEUXIÈME.

Des Tempéramens dans les âges.

LA vie forme dans chaque individu, une période non-interrompue d'actions organiques, qui naissent, s'accroissent, décroissent et pé- rissent : chaque organe, et chaque assemblage d'organes, a ses périodes de jeunesse et de vieil- lesse ; et quoique tous éprouvent ces effets du temps, tous n'ont pas la même vigueur et la même force dans le même temps ; car, tan- dis que les uns sont d'abord énergiques, et prédominent sur les autres, leur prédomi- nance diminue à certaines époques, et laisse naître d'autres prédominances ; de sorte qu'un homme, dans le cours ordinaire de sa vie, peut passer successivement par tous les tem- péramens ; ainsi, du tempérament crânio- abdominal jusqu'à sept ans, il peut passer successivement, de sept à quatorze crânien, de quatorze à vingt-cinq crânio-thoracique, de vingt-cinq à trente-cinq mixte ou thoracique, de trente-cinq à quarante-cinq thoraco-abdo- minal, enfin dans la vieillesse abdominal. Mais, le tempérament peut aussi se conserver toujours le même depuis l'enfance, ou n'éprouver qu'un ou deux changemens dans le cours ordinaire de la vie.

Chacun des quatre âges admis par les anciens, présente aussi généralement son tempérament particulier; car, quoique tous puissent se retrouver dans le même âge, l'enfance est cependant généralement *crânio-abdominale*, la jeunesse *crânio-thoracique*, l'âge adulte *mixte*, et la vieillesse *abdominale*.

En examinant, en particulier, ces quatre âges, et les tempéramens qui leur correspondent en même temps, nous verrons des nuances très - remarquables du même tempérament dans chacun d'eux.

Dans l'enfance, les cavités splanchniques sont très-développées relativement aux membres; nous avons vu les résultats de cette prédominance des organes importans de la vie sur ceux qui ne sont que secondaires : nous avons vu, que toutes les grandes et importantes fonctions étaient plus énergiques; ajoutons encore, que les organes des enfans sont neufs, si l'on peut se servir de cette expression, et que, telles sont les causes réunies de l'activité de tous les organes à cet âge. Quoi qu'il en soit, tous n'ont pas une égale énergie; car, dans la première enfance, par exemple, le ventre est saillant, la poitrine étroite et le crâne est très-développé ; l'enfant mange et digère beaucoup, sa nutrition est très-active, ses selles sont abondantes et liquides par la grande sécrétion des organes abdominaux. Le cerveau est aussi très-énergique, il s'exerce fortement et continuellement ; c'est à cette époque de la vie, que l'on apprend un grand nombre de choses, et quoique, plus tard, on ne tienne compte que des connaissances qui distinguent des autres hommes, cette somme de connaissances n'en est pas moins considérable. Les organes thoraciques sont inférieurs en développement et en énergie aux autres : aussi le sang est séreux et en petite quantité ; les poumons ne forment encore que bien peu de fibrine. Le pouls quoique vif et fréquent, est petit et facile à déprimer ; les muscles sont mous et faibles.

Les maladies de l'enfance sont aussi celles du *crânio-abdominal*, des inflammations des méninges et du cerveau, les convulsions, l'épilepsie, le coma ; des affections variées des organes abdominaux, telles que la constipation ou les diarrhées opiniâtres, les vers intestinaux, le carreau, etc. Les maladies des

organes thoraciques sont plus rares; elles affectent la marche lente et irrégulière de cette
constitution.

Quoique les enfans soient généralement du
tempérament *crânio-abdominal*, on en trouve
cependant des *mixtes*, des *crâniens*, des *abdominaux*, plus rarement des *thoraciques*, constitution la plus opposée à cet âge.

Mais, quel que soit le tempérament, il
présente toujours des nuances qui dépendent
de l'âge : l'enfant *thoracique*, ne peut être
aussi fort que l'adulte de cette constitution ;
l'enfant et l'adulte *crâniens* diffèrent également
l'un de l'autre. Le premier n'ayant pu voir
qu'un petit nombre d'objets, a peu de connaissances, tandis que le dernier a nécessairement plus d'expérience et plus d'acquis.

L'enfant a le sentiment de sa faiblesse ;
tout est nouveau pour lui ; plein de terreur
et d'effroi, il redoute le moindre bruit,
comme la solitude, l'ombre de la nuit, comme
la clarté du jour : le plus faible animal l'é-
pouvante ; il tremble de la chute d'une feuille.

Les enfans doués de la constitution *crânienne* très-prononcée, ont, comme les
adultes, de grandes facultés et de grandes
passions : qui n'en a observé en proie à la ja-

lousie, à la haine, à la colère, à la dissimu-
lation, et même à la mélancolie (1). Ces dernières dispositions, qui sembleraient ne devoir
être que le produit de longues réflexions sur
les vicissitudes humaines, et n'être que l'apa-

(1) La *mélancolie*, et même la *manie*, sont moins rares
chez les enfans qu'on ne le pense généralement; les causes
les plus fréquentes et les plus fortes, sont la jalousie et la
frayeur, qui sont très-violentes, surtout chez ceux doués
de la constitution encéphalique très-prononcée. Un enfant
de cette constitution, âgé de cinq ans, ayant été mal-
traité injustement par sa mère, pour laquelle il avait un
grand attachement, devint tout-à-coup stupide : il lâchait
de temps en temps des paroles brèves et incohérentes. Il se
sauva dans les bois, et lorsqu'on le retrouva au bout de
deux jours, il ne voulut plus parler, ni prendre d'alimens. Il ne revint que très-lentement à son état primitif.

Un autre, de quatre ans, jaloux de son frère depuis
l'âge de deux, paraissait toujours accablé de tristesse ; il
recherchait naturellement l'endroit le plus reculé et le plus
obscur de la chambre de sa mère, qui l'aimait du reste
beaucoup. On le surprenait souvent la tête appuyée sur
son bras, et pleurant sans cause connue. Il ne pouvait
supporter ni la promenade ni le bruit. La vue de son frère
réveillait sa colère ; il poussait alors des cris effrayans ; ses
yeux étaient agités de convulsions ; il se précipitait sur lui
pour le mordre, et le frapper. Cet état s'exaspérait surtout pendant l'été.

nage de la vieillesse, se retrouvent cependant dans la jeunesse, et même dans la première enfance; elles sont toujours dues à des causes morales qui agissent même, quelquefois, dès les premiers mois de la naissance, et qui, lorsqu'elles sont fortifiées par la constitution, ont les résultats souvent les plus funestes pour le reste de la vie.

A *l'adolescence*, vers quatorze à quinze ans, l'homme croît dans tous les sens; mais ses membres se proportionnent avec les cavités splanchniques; le crâne et le thorax, surtout, deviennent prédominans; l'homme acquiert de la force et de l'énergie physique et morale; mais ses passions comprimées, et ses facultés tourmentées et mal dirigées, ne peuvent rien produire; car c'est le temps des études forcées, c'est le temps de l'ennui; l'adolescent est encore sans expérience, il craint tout, et a tout à craindre; il sent ses chaînes, il les secoue quelquefois avec courage; mais encore facile à vaincre, il est accablé par l'autorité de ses maîtres ou de ses parens; pâle et tremblant, on le voit forcé de retenir leurs préjugés, d'en nourrir son esprit, et de les augmenter encore de ses propres réflexions. L'écolier, surtout, est forcé de se livrer à des études arides, qui jettent souvent son âme dans le dégoût et l'anéantissement. Heureux encore le berger de nos bois; content, sans soucis et sans craintes, il s'abandonne à de paisibles amours, ou couché sous l'ombrage, il rêve au bonheur de l'avenir !

Ceux qui ont passé une vie paisible dans leur enfance, n'en conservent que des souvenirs confus ; mais, ceux qui ont senti fortement, combien dans ces premiers temps de la vie, les chagrins sont vifs et les passions sont violentes, savent, quoi qu'on en dise, que les peines des enfans sont au moins aussi fortes que celles des adultes.

Dans toutes les maladies de cet âge, le cerveau joue toujours un très-grand rôle, et lorsque le thorax ne se développe pas, que le crâne conserve sa prédominance, les organes thoraciques sont très-disposés aux maladies ; ces organes faibles sont fatigués par le moindre exercice, qui devient facilement extrême à cet âge; car le cerveau qui jouit d'une activité extraordinaire, a besoin d'organes robustes pour le servir.

Vers la vingtième ou vingt-cinquième année, la constitution *crânio-thoracique* est plus prononcée ; l'homme possède un grand nombre

de connaissances ; il a le sentiment de ses forces, et il rompt bientôt les chaînes qui l'ont
retenu pendant toute son enfance ; il est apte
à tout ; en proie aux plus violentes passions,
il s'élève au milieu des orages de la société ;
ou si, trop accablé du poids de ses maux, il
ne peut les supporter, il prend des résolu-
tions souvent extrêmes. C'est le temps des
crimes, c'est le temps des vertus, c'est aussi
le temps du génie. *Celui qui n'est pas à cet âge*
bon ministre, bon général, bon médecin, ne le
sera jamais, a dit Zimmermann, auquel nous
empruntons le passage suivant : « Une jeunesse
» réfléchie a, relativement au génie, des avan-
» tages incontestables ; l'esprit n'est pas encore
» l'esclave des préjugés ; ce n'est que dans le
» jeune âge que l'on se détermine aisément à
» quitter le grand train pour embrasser la vé-
» rité..... L'homme de génie jette alors un re-
» gard perçant jusqu'au fond des sciences ;
» c'est un aigle qui regarde le soleil avec fierté ;
» sa hardiesse et son espérance ne connaissent
» point de bornes....... Laurent de Médicis,
» Jean de With, Richelieu, Xénophon, Phocion,
» Alexandre, Pyrrhus, Annibal, Scipion,
» Pompée, César, Condé, Turenne, etc., étaient
» déja des hommes habiles dès leur jeunesse.

» On suppose qu'un homme âgé a plus vu
» qu'un jeune homme, et l'on conclut ensuite
» qu'il a dû penser davantage, puisqu'il a plus
» vu. Voilà pourquoi l'on honore inconsidéré-
» ment des vieillards indignes de la moindre
» estime, et pourquoi les qualités les plus frap-
» pantes, et les actions les plus brillantes per-
» dent tout leur prix ; c'est un jeune homme,
» dit-on.

   » La seule prérogative que le jeune homme
» rempli de mérite ne peut pas disputer au grison
» ignorant, c'est le nombre des années, et l'on
» attache l'expérience à cette pitoyable préro-
» gative, afin que du moins le vieillard puisse
» toujours avoir là son recours pour opprimer
» le jeune homme ; et que le vieux arbre des-
» séché arrête sous ses branches stériles, les
» efforts que fait la jeune plante pour s'élever
» avec avantage.

   » Ce préjugé devient d'autant plus nuisible
» au jeune homme, qu'il reste toujours jeune
» vis-à-vis du vieillard ; j'ai souvent remarqué
» de ces faibles cervelles qui regardaient tou-
» jours un jeune homme de mérite, comme un
» jeune homme, malgré son acquis et sa capa-
» cité, parce qu'ils l'avaient vu naître ; c'était
» en toutes circonstances, le même ton sévère

» et imposant qu'ils tenaient à son égard, lors
» même qu'il pouvait être leur maître, et leur
» était en effet de beaucoup supérieur par ses
. » talens.....

» L'âge nous fournit l'occasion d'étendre
» notre esprit ; mais chacun n'en a pas la vo-
» lonté : d'ailleurs tout esprit n'en est pas sus-
» ceptible. La vieillesse d'un médecin respec-
» table par son mérite, est une vieillesse ho-
» norable ; sa gloire le suit partout : l'estime
» et les respects des jeunes médecins devan-
» cent ses pas ; ils l'appellent leur père, leur
» mentor ; il est leur lumière dans l'obscurité
» qui les enveloppe souvent, mais de vieux
» jours après une jeunesse peu estimée, ou plu-
» tôt la vieillesse d'une faible cervelle, n'est
» qu'ignominie ; en effet, soixante-dix ans de
» stupidité feront-ils jamais un homme respec-
» table? Un vieux médecin sans mérite n'est à
» mes yeux qu'un homme redevenu une se-
» conde fois enfant; il n'a de force que dans son
» opiniâtreté : ces vieillards stupides ne pensent
» pas qu'ils étaient déjà, en naissant, à leur âge
» de soixante-dix ou quatre-vingts ans (1). »

(1) Zimmermann , Traité de l'Expérience , tome I.er ,
page 12.

Cependant on regarde aujourd'hui la jeunesse d'un autre œil qu'autrefois, elle commence même à dominer Le jeune médecin inspire de la confiance. Les hommes jeunes remplissent les plus grandes places. On n'attend pas non plus, aujourd'hui, la vieillesse pour répandre les vérités que l'on a découvertes, ou même pour acquérir de la sagesse, quoiqu'il y ait toujours les plus grands obstacles à vaincre. Le célèbre Zimmermann nous en a encore donné les raisons dans le passage suivant :

» La haine, dit ce grand homme (1), que » l'on a pour ce qui paraît nouveau, fait aimer » la routine... Si l'on en croit même ces vieil- » lards qui ne savent que vanter le passé, il n'y » avait pas d'ignorant de leur temps ; mais mal- » heureusement pour eux ils sont des témoins » vivans de la fausseté de leur assertion. Dirai-je » même ici, que je connais des gens qui, avec » une tête bien organisée, ne lisent pas un livre, » par la seule raison qu'il est nouveau. Il suffit » même de parler d'un ouvrage nouveau avec » quelque estime, pour leur paraître ignorant, » et vouloir leur faire entendre quelque chose » autrement qu'ils ne l'ont conçu par le passé,

(1) Traité de l'Expérience, tome I.er, page 28.

» c'est risquer d'en être haï autant que ces An-
» glais le furent des Irlandais, pour leur avoir
» défendu, sous peine de punition, de brider,
» selon leur ancien usage, leurs chevaux par la
» queue. »

Le tempérament *cranio-thoracique* est donc
généralement celui de la jeunesse, mais on retrouve à cet âge tous les autres tempéramens;
des crâniens, des *thoraciques, des mixtes*, etc.
Il est facile, d'après ce que nous avons vu,
d'apprécier les modifications que l'âge apporte
au caractère des fonctions de chacune de ces
constitutions.

Dans l'âge adulte, depuis trente jusqu'à
quarante-cinq ans, l'homme est généralement
fixé dans le plus grand nombre de ses idées,
dans ses occupations; il voit de loin toute la
course de sa vie, il fortifie, il mûrit, il étend
même ce qu'il a commencé, ce qu'il a conçu;
mais s'il entreprend de nouvelles choses, il n'a
plus cette aptitude de l'âge précédent. Les
organes thoraciques et crâniens ont plus de
repos, tandis que ceux de l'abdomen s'exercent proportionnellement davantage. De sorte
que le développement de cette dernière cavité, devient bientôt au niveau des deux précédentes, ce qui constitue le tempérament

mixte ; mais comme dans les âges précédens, toutes les autres constitutions peuvent se manifester, le crâne peut conserver sa prédominance dès l'enfance; ou le thorax et le crâne qui ont prédominé dans la jeunesse, peuvent se conserver au même degré ; mais ceux qui étaient *abdominaux* dans les âges précédens, le deviennent généralement encore davantage.

Tout ce que nous venons de dire de l'âge adulte, peut s'appliquer à la vieillesse ; mais tout est encore plus prononcé ; le thorax et le cerveau diminuent de volume et d'énergie, l'abdomen seul conserve son activité et souvent même son énergie augmente à cet âge; de sorte que le vieillard est le plus généralement *abdominal ;* quoiqu'il s'en trouve de tous les autres tempéramens, et l'on conçoit encore ici, combien sont différens les hommes de la même constitution, si l'on compare celui qui ne devient *crânien* que dans sa vieillesse, avec celui qui conserve ce tempérament dès l'âge mûr, ou depuis la jeunesse, ou même dès l'enfance.

Dans la vieillesse avancée, les organes s'usent enfin par le temps et l'exercice, ils n'agissent plus qu'imparfaitement; le thorax est immobile par l'ossification de ses cartilages, la respiration est faible et imparfaite, la circulation est aussi ralentie par l'ossification des valvules du cœur, et par la faiblesse de ses fibres musculaires. Le cerveau et le crâne sont diminués, et par suite l'intelligence et les passions. Les organes abdominaux conservent encore une certaine énergie, ils restent généralement prédominans, quoique les mâchoires dégarnies de dents ne puissent plus préparer convenablement les substances alimentaires.

Toutes les fonctions sont donc en général diminuées; les facultés et les passions s'éteignent graduellement; l'expérience ayant dissipé l'illusion du bonheur idéal, qui tourmente encore l'homme adulte, le vieillard ne cherche que le repos et la tranquillité : il marche à pas lents vers le tombeau.

CHAPITRE TROISIÈME.

Des Tempéramens dans les sexes.

L'homme diffère de la femme, non-seulement par ses organes génitaux, mais aussi par les proportions de son corps et de ses membres. Hippocrate et Aristote regardaient la femme comme un être imparfait, comme un demi homme ; mais la femme est dans sa nature aussi parfaite que l'homme ; ce sont deux êtres faits l'un pour l'autre, et dont le but commun est l'entretien de l'espèce.

Dans l'homme, la taille est généralement plus élevée, les parties supérieures de son corps (la tête et la poitrine), sont plus vastes et plus fortes, le ventre et les hanches moins développés, les membres plus longs et plus musculeux. Tandis que dans la femme, la tête, les épaules et la poitrine sont étroites et faibles, l'abdomen et les hanches larges, et les membres beaucoup moins longs et moins forts ; de sorte que, le milieu du corps de l'homme répond au pubis, tandis que chez la femme, il répond entre le pubis et l'ombilic. Telles sont

12

les principales différences des sexes considérées dans l'âge adulte et dans la jeunesse; mais dans l'enfance et dans la vieillesse, la constitution de la femme se rapproche beaucoup de celle de l'homme. Ainsi, tous les tempéramens peuvent se manifester dans la femme comme dans l'homme; mais il en est qui se développent plus fortement et plus fréquemment dans l'un que dans l'autre : puisque l'homme est plus généralement ou *mixte*, ou *thoracique*, ou *crânio-thoracique*, ou *thoraco-abdominal*; tandis que la femme est plus fréquemment *crânio-abdominale*, ou *abdominale* seulement.

Ce que les anciens nous ont laissé de modèles, de l'homme et de la femme, est parfaitement d'accord avec l'observation de la nature; *l'Apollon*, *l'Antinoüs*, *l'Hercule*, *le Jupiter*, sont des exemples frappans des constitutions *mixte*, *thoracique*, et *crânio-thoracique*. *La Vénus* est un modèle de la constitution *abdominale*.

Dans ce chef-d'œuvre le crâne est étroit, la poitrine peu développée, les hanches larges, et l'abdomen prédominant. L'artiste semble avoir voulu faire sentir le principal but de la femme; *mulier propter uterum condita est;* mais son abdomen n'est que peu prédominant, de sorte qu'il donne les contours gracieux qui la caractérisent. *Praxitèle* a conçu la constitution la plus utile pour la femme; sa Vénus est brillante de santé et de beauté, elle est disposée le plus favorablement possible pour la génération et l'entretien de sa race.

Cependant, si nous examinons la constitution que nous regardons comme la plus belle, parmi nos Européennes, nous trouvons leur crâne beaucoup plus développé que celui de la Vénus, de sorte qu'elles réunissent à la plupart des qualités de celle-ci, des passions et une intelligence plus développées, mais elles ne peuvent briller d'une santé aussi florissante que celles qui se rapprochent le plus de cette beauté idéale.

L'idée que nous nous faisons aussi aujourd'hui, de la plus utile et de la plus désirable constitution de l'homme, n'est point celle de l'Apollon, qui est le type de l'égalité dans toutes les fonctions, le type de la santé et du bien être; mais c'est celle dans laquelle le crâne et le thorax prédominent en même temps; parce qu'elle nous représente, outre la santé, une grande force physique réunie à une grande force morale, et que ces dispositions très-marquées, sont, dans l'état actuel de la société, la cause de la supériorité de l'homme, non-seulement sur les autres animaux, mais même, sur tous les individus de son espèce.

Ainsi, le tempérament le plus utile et le plus désirable, est pour l'homme, *le crânio-thoracique*, et pour la femme *le crânio-abdominal;* mais ces tempéramens ne doivent pas être trop prononcés; car ils disposent aussi à de trop fréquens excès d'exercice, surtout celui de la femme; on sait combien les maladies abdominales et encéphaliques sont fréquentes chez elle.

La femme conserve donc ordinairement la constitution de son enfance, tandis que l'homme la change presque toujours, soit par les effets naturels de l'âge, soit par les circonstances variées de la vie.

CHAPITRE QUATRIÈME.

Des Tempéramens des Animaux.

Si nous promenons nos regards sur l'immense chaîne des animaux, la nature nous offre d'innombrables variétés dans leur structure, leur conformation, leur masse, et les proportions de leurs différentes parties.

Nous avons déjà vu, en parcourant les échelons qui conduisent du polype à l'espèce humaine, que les proportions des cavités splanchniques étaient telles, qu'à mesure que l'on avançait vers l'homme, les organes encéphaliques devenaient plus volumineux et plus compliqués; que ce dernier, était celui chez lequel ces organes prédominaient le plus; et dont les résultats plus nombreux, plus variés, et plus importans que dans toutes les autres espèces, lui donnaient une grande supériorité, et le constituaient roi de tous les êtres; tandis qu'au contraire, à mesure que l'on s'approchait du polype, on trouvait l'abdomen de plus en plus prédominant, et formant même tout l'animal; car les organes thoraciques, suivent aussi une loi telle, dans leur développement, que les

oiseaux se trouvent au premier rang : c'est-à-
dire, que chez eux, le thorax forme la partie
la plus grande et la plus importante de l'animal ; puis il devient de moins en moins développé dans les mammifères, les reptiles, les
poissons, les crustacés et les mollusques.

On peut aussi poser en principe, que dans
toutes les espèces animales, la femelle a les organes abdominaux plus développés, tandis que
chez le mâle, ce sont les organes thoraciques.
Mais la structure, la conformation, la complication des diverses parties qui composent les
animaux, étant très-différentes, il est facile de
sentir, que pour s'élever à des notions précises
sur leurs tempéramens, et en obtenir des résultats utiles, il faut, non-seulement, considérer le tempérament de l'espèce, mais celui
des individus de la même espèce ; en prenant
le tempérament mixte de l'homme pour point
de comparaison ; et en ne perdant pas toujours
de vue, que chaque espèce animale est essentiellement formée d'un ensemble d'organes,
tous faits les uns pour les autres, et dont
toutes les parties en harmonie entre elles, ne
sont essentiellement différentes que d'une race
à une autre race : aussi, faudrait-il examiner
en particulier, l'état de tous les organes et des

fonctions dans chaque race, pour se rendre parfaitement compte des différences, ou des nuances de la même constitution; mais pour ne point nous perdre dans des détails inutiles, nous nous bornerons à jeter seulement un coup-d'œil sur le tempérament de plusieurs espèces voisines de l'homme, et qui ont le plus de rapports avec lui, afin d'en déduire quelques applications à l'hygiène et à la médecine vétérinaire.

Le genre humain forme une espèce unique, particulière, qui, répandue sur toute la terre, offre des variétés dépendantes de la nourriture, des habitudes, de la manière de vivre, et des nombreuses circonstances qui impriment lentement par les générations successives, des différences dans l'organisation : différences, qui constituent les variétés de l'espèce et les tempéramens; mais qui ne sont que des nuances, qui ne peuvent former des espèces différentes; car l'homme ne ressemble qu'à l'homme lui-même : depuis le géant vigoureux, jusqu'au nain rachitique, et depuis l'homme de génie jusqu'à l'idiot, il y a certainement de grandes différences; mais l'on reconnaît toujours, dans les uns comme dans les autres, la nature de l'homme.

A la vérité, certains animaux se rapprochent beaucoup de l'homme; certains singes ont une ressemblance frappante avec lui; des voyageurs dignes de foi, assurent en avoir vu d'une stature gigantesque, et si semblables à l'homme, qu'ils pouvaient être confondus avec lui. L'orang-outang, observé par Buffon (1),

« marchait toujours debout sur ses deux pieds, » même en portant des choses lourdes; son air » était assez triste, sa démarche grave, ses » mouvemens mesurés, son naturel doux et » très-différent de celui des autres singes; il » n'avait ni l'impatience du magot, ni la mé- » chanceté du babouin, ni l'extravagance des » guenons; il avait été, dira-t-on, instruit et » bien appris; mais les autres que je viens de » citer et que je lui compare, avaient eu de » même leur éducation. Le signe et la parole » suffisaient pour faire agir notre orang-outang; » il fallait le bâton pour le babouin, et le fouet » pour tous les autres, qui n'obéissent guère » qu'à la force des coups. J'ai vu cet animal » présenter sa main pour reconduire les gens » qui venaient le visiter, se promener grave- » ment avec eux et comme de compagnie; je.

(1) Histoire naturelle des orangs-outangs.

» l'ai vu s'asseoir à table, déployer sa serviette,
» s'en essuyer les lèvres, se servir de la cuiller
» et de la fourchette pour porter à sa bouche,
» verser lui-même sa boisson dans un verre,
» le choquer lorsqu'il y était invité, aller prendre
» une tasse et une soucoupe, l'apporter sur la
» table, y mettre du sucre, y verser du thé, le
» laisser refroidir pour le boire, et tout cela
» sans autre instigation que les signes ou la pa-
» role de son maître, et souvent de lui-même.
» Il ne faisait du mal à personne, s'approchait
» même avec circonspection, et se présentait
» comme pour demander des caresses..... il
» mangeait presque de tout ; seulement il pré-
» férait les fruits mûrs et secs à tous les autres
» alimens. Il buvait du vin, mais en petite
» quantité ; il le laissait volontiers pour du lait,
» du thé, ou d'autres liqueurs douces ».

L'orang-outang, par sa conformation générale et par ses mouvemens, est donc l'animal
le plus voisin de l'homme ; mais il en diffère
encore trop pour ne former qu'une seule et
même espèce, comme quelques naturalistes
l'ont pensé (1) : toutes les parties du singe diffè-

(1) On sait que Linné a classé l'homme dans la famille
des singes ; que J. J. Rousseau a dit que le singe était un
homme sauvage.

rent de celles de l'homme, sous les rapports
de leur étendue, de leur conformation, de
leurs proportions ; c'est surtout par la connaissance de leur cerveau, que l'on peut apprécier l'espace qui se trouve entre ces deux
espèces d'êtres ; car quoique certains orangs-
outangs aient proportionnellement autant de
cerveau que l'homme, cet organe est très-
différent dans l'un et dans l'autre ; outre que
les ganglions des sens sont relativement plus
développés dans le singe que dans l'homme ;
ceux de l'intelligence et des passions ont moins
de circonvolutions, les régions antérieure,
supérieure, postérieure et latérales de ces
ganglions sont beaucoup moins développées
dans le premier que dans le dernier, ces
organes étant surtout remarquables, dans
l'homme, par leur volume, leur complication,
la variété et l'étendue de leurs fonctions.

Aussi, remarque-t-on dans l'espèce humaine
quelque chose de plus relevé, de plus beau,
de plus noble, de plus grand, de tout-à-fait
supérieur à tous les animaux. L'homme seul, a
le sentiment du beau ; lui seul, a de l'admiration pour tout ce qui a rapport à la pensée ; lui
seul, admire les productions du génie, les
sciences et les beaux arts ; lui seul, de la terre

où il est attaché, élève ses regards vers le ciel pour adorer l'Éternel; lui seul, a le sentiment de sa haute destination, de son immortalité.

Dans les singes, où l'on trouve un grand nombre d'espèces, l'orang-outang a le crâne relativement plus développé que le magot, celui-ci plus que les papions ou babouins. On retrouve, du reste, dans chacune de ces races, tous les tempéramens de l'espèce humaine; des *thoraciques*, des *abdominaux*, des *mixtes*, des *crâniens*, etc. Ce dernier tempérament est même fréquent dans les petits singes de nos ménageries, qui, livrés à l'ennui de l'esclavage, sont maigres et grêles; leur cerveau a une prédominance quelquefois aussi marquée que chez l'homme crânien; mais cet organe différant, comme nous l'avons vu, par son organisation, diffère aussi par ses fonctions. Le singe a les sensations très-promptes et très-vives, il a un petit nombre de passions, mais qui sont violentes et impétueuses. Ces animaux paraissent jouir, dans l'état sauvage, d'une forte santé; mais ils languissent dans l'esclavage, et périssent facilement : transportés, surtout dans les pays froids, ils sont la plupart, atteints bientôt de phthisie, ou ils périssent des suites d'une sorte de mélancolie à laquelle ils sont sujets.

Comme tous les carnivores, le *chien* a le thorax prédominant, son cerveau a peu de circonvolutions, relativement à celui de l'homme ; les ganglions olfactifs sont presque aussi développés que les lobes du cerveau ; c'est ce qui donne à ces animaux une supériorité sur tous les autres, par la finesse de leur odorat. Les organes abdominaux sont aussi généralement peu développés et peu spacieux ; les alimens, quoique pris en grande quantité, passent promptement et sans être parfaitement digérés. Le thorax du chien est au contraire très-développé, le cœur et les poumons sont spacieux, leurs fonctions s'exécutent librement et fortement. Le chien soutient la course et la fatigue. Il jouit d'une santé forte et durable. Quoique le cerveau de cet animal soit moins développé relativement, que celui du singe, il est organisé plus favorablement pour l'utilité de l'homme ; le chien est pour ce dernier un compagnon fidèle, à l'aide duquel il peut dompter et conduire tous les autres animaux.

Le chien est généralement *thoracique* ; mais on trouve beaucoup de différences dans le degré de développement du tempérament, non-seulement dans les différentes races de cet animal, mais même chez les individus de la même race (1). Le *lévrier* est *thoracique* très-prononcé ; le *chien de berger* est moins *thoracique*, son crâne est plus développé, il est plus intelligent. Le *petit barbet*, le *chien de boudoir*, ont souvent le crâne proportionnellement aussi développé que celui de l'homme *mixte* ; tandis que le *mâtin* et le *dogue* ont au contraire le crâne relativement étroit.

La constitution du *cheval* est très-facile à découvrir, les organes contenus dans son crâne sont peu développés, relativement à ceux du thorax et de l'abdomen (2) ; les ganglions des nerfs, du goût et de l'odorat, sont surtout très développés et très-importans dans le cerveau de cet animal ; les organes abdominaux ont aussi un développement très-consi-

(1) J'ai pu observer pendant long-temps, deux chiens de berger, du même âge, mais dont l'un, tout-à-fait *abdominal*, était stupide et borné ; il dormait presque toujours ; l'autre, au contraire, avait un crâne très-developpé et prédominant, relativement aux autres chiens de son espèce. Il était tout-à-fait remarquable par son intelligence et son activité, et il possédait toutes les qualités les plus éminentes de sa race.

(2) Le cerveau du cheval a été évalué à la 500.ᵉ partie de son corps ; celui de l'homme étant ordinairement la 35.ᵉ

dérable, relativement à ceux du crâne ; mais ils sont très-inférieurs à ceux du thorax. Dans le cheval, le cœur et les poumons sont très-développés et très-robustes ; ce sont ces organes qui prédominent essentiellement ; ainsi le cheval est donc plutôt *thoracique* que *thoraco-abdominal* ; mais, sous ce rapport, depuis les chevaux fins arabes, faits pour la course et la marche, jusqu'aux chevaux de rouliers ou de meûniers, aptes aux transports de lourds fardeaux, il y a de grandes différences, tant dans la conformation de chaque partie, que dans les proportions des cavités splanchniques.

Dans les chevaux de rouliers, le ventre devient proportionnellement aussi spacieux, aussi développé que le thorax ; tandis que dans certains chevaux anglais ou normands très-fins, c'est le thorax qui domine absolument. L'âne est beaucoup moins *thoracique* et plus *abdominal* que le cheval, il est aussi conformé beaucoup plus grossièrement dans toutes ses parties ; car le cheval est, de tous les animaux, celui qui, avec une plus grande taille, a plus de proportions et d'élégance dans les parties de son corps. Cet animal jouit naturellement d'une bonne santé, quoiqu'il réclame beaucoup de soins : ses maladies ont gé-

néralement leur siége dans la membrane pitui-
taire ou dans la peau ; elles sont la suite des
courses trop violentes, ou des corps irritans
appliqués directement sur ces surfaces.

Le *bœuf* a le crâne extrêmement étroit relativement au thorax et surtout à l'abdomen ;
car c'est cette dernière cavité qui est tout-à-
fait prédominante. Le bœuf est essentiellement
abdominal, ou *thoraco-abdominal* : il a un
quadruple estomac, des intestins d'une énorme capacité, des glandes abdominales extraordinairement volumineuses. Les organes
thoraciques sont aussi très-vastes, mais moins
proportionnellement que ceux de l'abdomen.
Cet animal a très-peu d'intelligence et de
passions. Dans les gras pâturages, il passe une
vie douce et tranquille ; attelé à la charrue,
il supporte docilement les plus durs travaux,
et même les mauvais traitemens. La constitution de ces animaux est donc peu variée ; dans
tous, c'est l'abdomen qui domine, ou l'abdomen et le thorax en même temps.

Les maladies du bœuf ont le plus ordinairement leur siége dans le ventre : ce sont des
dyssenteries, des entérites aiguës, des néphrites, des cystites, qui attaquent souvent un
grand nombre de ces animaux en même temps.

Le bœuf ne devient phthisique qu'à la suite de pneumonies répétées, produites par des travaux trop violens. L'apoplexie qui frappe cet animal, paraît due à une espèce d'empoisonnement par certaines plantes, qui portent directement leur action sur son cerveau.

Ce que nous venons de dire du bœuf, est applicable à la brebis, qui est encore plus abdominale; son estomac est aussi multiple, son foie volumineux, ses intestins amples et spacieux, mais son crâne est très-étroit, et les parties qui le composent, sont formées, principalement, par les ganglions des nerfs, des sens du goût et de l'odorat; aussi cet animal est stupide et sans passions. La brebis se laisse enlever son agneau, sans en témoigner la moindre inquiétude. Cet animal a aussi peu de force physique; il est essoufflé par la moindre course. Le tempérament varie peu dans ces animaux, qui sont abdominaux, à l'exception de quelques beliers qui ont le thorax aussi développé que l'abdomen.

Les maladies de la brebis ont principalement leur siège dans l'abdomen; les principales sont des altérations variées du foie, de l'estomac, des intestins, et de l'utérus. Les brebis sont, de tous les animaux, ceux qui avortent le plus fréquemment et le plus facilement, elles demandent aussi un soin extraordinaire. Les maladies du cerveau ne se manifestent guère, chez elles, qu'à la suite des violentes contusions du crâne; car, on sait que les béliers ne deviennent hydrocéphales, qu'à la suite des violens combats qu'ils se livrent entre eux, en se frappant la tête.

CHAPITRE CINQUIÈME.

Des Tempéramens dans les maladies.

La médecine, comme toutes les sciences fondées sur l'observation et le raisonnement, ne marche qu'à pas lents vers sa perfection ; cependant, éclairée du flambeau de la physiologie, elle fait de nos jours de rapides progrès ; mais que d'erreurs à combattre encore, que de vérités à établir ! Les sympathies mystérieuses n'obscurcissent-elles pas encore les points les plus importans des théories médicales ? A-t-on une idée bien nette et bien claire du mode d'action des causes des maladies et du mécanisme de leur enchaînement ? N'avons-nous pas vu aussi combien les applications, même les plus modernes, des tempéramens aux maladies sont vagues et erronées ? Notre but, dans ce chapitre, est d'éclairer par une saine théorie, ce point important de la science.

Tant que l'on considérait les maladies comme des groupes arbitraires de symptômes, comme des êtres essentiels, existans par eux-mêmes, indépendamment des organes, on accumulait les observations, et l'on se croyait d'autant plus instruit, que l'on avait vu et retenu un plus grand nombre d'abstractions.

De nombreuses ouvertures de cadavres d'individus observés avec soin pendant la vie, des expériences réitérées ont démontré, que toute maladie n'est que la lésion d'un ou de plusieurs organes, et que ces lésions sont généralement un effet, ou une suite de congestions.

Les causes immédiates les plus fréquentes de ces congestions, sont l'exercice immodéré des organes; et comme la connaissance des effets de l'exercice et du repos immodérés, donne l'explication du mode d'action des causes et du mécanisme de l'enchaînement de la plupart des affections aiguës et chroniques, que cette connaissance conduit naturellement à celle des applications de notre doctrine des tempéramens aux maladies, nous devons nous y arrêter quelque temps.

Physiologiquement considéré, le mot *exercice* ne doit point être restreint à celui qui consiste dans l'action des muscles soumis à la volonté; mais il doit s'étendre à toute action d'organe : car tout organe qui agit, qui remplit ses fonctions, *s'exerce* : ainsi, l'encéphale produisant les passions et les facul-

13..

tés, les poumons mettant en contact l'air avec le sang, le cœur poussant ce fluide dans tous les vaisseaux, les organes digestifs formant le chyle et sécrétant, sont le cerveau, les poumons, le cœur, les organes digestifs s'exerçant. En effet, il est évident que les phénomènes qui se passent dans tous les organes en action sont les mêmes; que tous ont des alternatives d'exercice et de repos; que tous peuvent s'exercer immodérément, mais chacun à sa manière et selon son organisation; qu'ainsi, par exemple, le cœur et les poumons ont un exercice et un repos simultanés, prompts et de peu de durée; ces organes augmentent leur exercice, et n'ont presque point d'intervalles de repos dans la course et dans tous les mouvemens violens. L'encéphale et les organes des sens, peuvent au contraire s'exercer et se reposer successivement pendant long-temps; il en est de même des organes abdominaux, qui ont des intervalles plus ou moins considérables d'exercice et de repos.

Lorsque l'exercice d'un organe est modéré ou proportionné à ses forces, sa circulation, sa nutrition, et par suite, son volume et son énergie augmentent; et si cet organe détermine, par l'ordre naturel de ses fonctions, un autre organe à s'exercer, ce dernier éprouve les mêmes phénomènes que le premier : telle est la cause pour laquelle on a tant vanté l'exercice musculaire moderé ; son influence se répand, non-seulement sur les muscles eux-mêmes, mais encore sur quelques autres organes, tels que le cœur et les poumons dont il augmente évidemment l'action et les mouvemens ; mais si les organes agissent au-delà de leurs forces, ils deviennent le siège de congestions et par suite d'inflammations.

L'exercice prompt et très-violent d'un organe, produit dans son tissu une congestion d'autant plus forte, que l'exercice a été plus considérable, et que l'organe est relativement plus faible. L'exercice très-violent de l'encéphale peut produire une si violente congestion, que la désorganisation, et, par suite, la mort, en soient une suite nécessaire. Que d'exemples ne pourrait-on pas citer ? Qui n'a observé, à la suite de violentes passions, des apoplexies foudroyantes et des manies furieuses ? Des exercices très-violens des organes circulatoires et respiratoires déterminent des congestions pulmonaires, des hémoptysies, des cardites intenses, des anévrysmes. Les gastro-entérites, les hépatites, les néphrites aiguës, sont pro-

duites, le plus ordinairement, par des excès
d'exercices violens du canal intestinal, du foie
et des reins. Lorsque l'exercice d'un organe
est considérable et trop continu, qu'un repos
proportionné à cet exercice ne vient point réta-
blir le calme de la circulation qui a été augmentée, cet organe, d'abord fatigué, finit
par devenir inévitablement le siége de congestions, et, par suite d'inflammations; les muscles, les articulations, les organes abdominaux,
le cœur, les poumons, l'encéphale, sont fréquemment pris de congestions et d'inflammations, à la suite d'exercices immoderés, par
leur continuité.

Il en est de même d'un organe qui reste
trop long-temps en repos; sa circulation devient de moins en moins active, sa nutrition,
son volume et son énergie diminuent souvent
en raison, il peut finir même par devenir incapable de remplir ses fonctions. Un organe
aussi faible, est difficile à mettre en action;
mais, lorsque ses excitans sont assez énergiques
pour le forcer à agir, l'exercice qui serait le
plus léger pour un organe fort, devient pour
cet organe faible un exercice immoderé, qui
détermine la congestion et ses résultats. Ce
n'est pas ordinairement dans le feu de la com-

position, pendant l'activité de la jeunesse, que l'apoplexie frappe ses victimes; ce n'est que, lorsque l'homme, livré depuis long-temps aux douceurs trompeuses du repos encéphalique, s'est exercé tout-à-coup, quoique légèrement, de sorte que la moindre colère, le moindre emportement, ont produit dans le cerveau les effets d'un exercice immodéré de cet organe. Qui n'a été témoin, dans les hôpitaux, des accidens causés par l'exercice immodéré des organes gastriques, suite d'un long repos? Les individus que l'on a soumis long-temps à une diète rigoureuse, sont souvent victimes d'une petite quantité d'alimens introduits dans l'estomac. Aussi, les praticiens conseillent-ils l'augmentation graduelle des alimens dans la convalescence.

Ainsi, quel que soit l'organe qui s'exerce immodérément, ses effets sont les mêmes; car si nous observons, par exemple, les phénomènes qui se passent dans un muscle en action; il rougit, se gonfle, fait saillie, les artères qui s'y rendent battent plus fortement, les veines se distendent par le sang; la chaleur animale s'y développe davantage. Le cerveau, en action, produit des effets semblables; les battemens des carotides deviennent sensibles à la vue, les

veines jugulaires se tuméfient, la face rougit et
s'anime, toute la tête est chaude et quelquefois
même brûlante : cet exercice, continué jusqu'à
un certain point, fait éprouver le sentiment de
lassitude; et, si un repos proportionné à cet
exercice, ne vient ralentir les phénomènes indiqués ci-dessus, ils deviennent continus, ils
augmentent d'intensité, et l'organe est bientôt
le siége d'une irritation permanente, d'une
véritable inflammation, ou d'épanchemens
sanguins.

Ce qui se passe dans les muscles et l'encéphale, se manifeste de la même manière dans le
cœur, les poumons, les organes gastriques, etc.,
qui se sont exercés immodérément. Les effets
du repos immodéré sont en dernier résultat, les
mêmes que ceux de l'excès d'exercice, puisque
le repos immodéré ne devient cause de maladie, qu'en affaiblissant l'organe, et en con-
stituant immodéré, pour lui, un exercice qui
serait léger pour un organe fort.

Tel est l'effet de l'exercice immodéré d'un
organe sur lui-même; mais, l'on peut se rendre surtout parfaitement compte, des lois,
des causes d'enchaînement d'un grand nombre
de phénomènes morbides, par la connaissance
des effets de l'exercice immodéré des organes

les uns sur les autres. L'exercice un peu violent d'un organe, quel qu'il soit, détermine promptement un exercice plus considérable du cœur; de sorte que si le premier devient immodéré, le deuxième le devient bientôt aussi: une course rapide, une violente passion, une méditation profonde, une forte digestion, exaspèrent l'exercice du cœur. Si l'on réfléchit, en outre, que l'exercice violent de cet organe, augmente la circulation dans tous les autres et dans lui-même, il devient double cause de congestion et pour lui-même, et pour les autres organes, qui s'exercent ou se sont exercés immodérément.

Le cœur est donc un grand mobile, une cause puissante de congestions, puisque lorsqu'il en est lui-même atteint, il les détermine et les multiplie; car la congestion cardiaque, lorsqu'elle n'est pas arrêtée, à son début, par le repos de tous les organes et du cœur lui-même, est bientôt suivie de nombreuses congestions, qui s'augmentent encore de leurs propres résultats. C'est ainsi que la maladie d'un organe entraîne souvent celle d'un autre, ou en devient cause, par la liaison et la dépendance réciproque de leurs fonctions.

C'est par la connaissance de ce phénomène,

que nous pouvons nous rendre compte des causes pour lesquelles plusieurs organes qui s'exercent en même temps, se fatiguent plus promptement, et dérangent bientôt réciproquement leurs fonctions, en devenant siège de congestions.

L'estomac s'exerce-t-il fortement pendant l'exercice du cerveau? la circulation augmente dans l'un et dans l'autre, d'abord, parce qu'ils s'exercent, puis, parce qu'ils augmentent en même temps l'exercice du cœur; delà, des congestions, dont les effets sont variables, selon les rapports respectifs des organes ; la promptitude ou la lenteur de leur action; ainsi, dans les inquiétudes, les chagrins lents et concentrés, la digestion est continuellement troublée, ou imparfaite; le sentiment qui en résulte, sollicite continuellement le cerveau, déjà malade, fatigué, et siége de congestions: de ces doubles causes, résultent, pour l'encéphale, l'hypocondrie, et les névroses variées ; pour l'estomac, des gastrites chroniques, des cancers; pour le cœur, des mouvemens fébriles plus ou moins fugitifs.

Considérez encore ce qui se passe dans un individu qui exerce fortement ses muscles immédiatement après un repas copieux ; le cœur

précipite ses fonctions, un sentiment de gêne
se fait sentir dans l'épigastre, l'estomac bientôt
douloureux à la pression est menacé de phleg-
masie; si *quelqu'organe* était affecté avant, il
devient alors le siége d'une fluxion plus intense. De là, des pneumonies et des apoplexies que l'on a appelées fort improprement
gastriques.

Nous pouvons, d'après le simple exposé que
nous venons de faire, nous rendre compte de
la cause de l'enchaînement des phénomènes
d'un grand nombre de maladies aiguës et
chroniques. Nous ne citerons point ici des observations particulières; elles deviendraient
inutiles : contentons-nous de rappeler des faits
connus, et que l'on peut vérifier tous les jours.
Adressons-nous donc aux lecteurs habitués aux
lits des malades, et mettons-leur, par exemple,
sous les yeux, une pneumonie ordinaire, ana-
lysée sous tous les rapports; observant l'enchaînement et la liaison des causes et des effets,
nous verrons :

1.° Excès d'exercice des poumons; d'où,
congestion pulmonaire caractérisée par la douleur, l'oppression, la toux et l'expectoration.

2.° Comme les poumons ne peuvent s'exercer
immodérément sans que le cœur ne participe

à cet excès, il devient aussi, promptement, ou le plus souvent en même temps, le siége de congestions caractérisées par la force et la fréquence du pouls, la chaleur générale augmentée (fièvre).

3.° La congestion cardiaque, lorsqu'elle n'est pas trop intense, détermine une circulation très-active dans tous les organes ; de sorte que ceux qui sont fatigués, se trouvent soumis à une double cause de congestion ; et comme la plupart agissent alors, ou ont été fatigués, la congestion devient bientôt générale ; ainsi, les organes digestifs, alors occupés à former et à séparer la portion nutritive, ou surchargés d'alimens à demi-digérés, deviennent le siége d'une circulation très-active. De là, les congestions gastro-intestinales, hépatiques, néphrétiques, etc., qui se manifestent par l'impossibilité de digérer, la diarrhée ou la constipation, l'altération ou la suspension des sécrétions urinaires.

4.° Enfin, trop souvent, l'encéphale fatigué par le sentiment des impressions douloureuses des organes, ou par d'autres causes coïncidentes, devient aussi le siége de congestions ; d'où résultent la céphalalgie, la faiblesse gé-

nérale, l'insomnie, la diminution ou l'altération des facultés et des passions.

Voulons-nous analyser une gastrite produite
par un poison qui a agi spécialement sur l'estomac? Car la plupart des poisons absorbés
promptement, portent directement leur action,
en même temps, et souvent plus particulièrement sur un organe éloigné, tel que le cerveau,
le cœur, etc. ; mais il ne s'agira ici, que d'un
poison dont l'action a eu spécialement lieu sur
l'estomac, l'acide sulfurique, par exemple :
tel est alors l'enchaînement des phénomènes :

1.° La douleur profonde produite par l'éro-
sion ou la désorganisation de l'estomac est res-
sentie fortement par le cerveau ;

2.° Cet excès d'exercice de l'encéphale, entraîne l'exercice immodéré du cœur, qui, plus
ou moins considérable, entraîne aussi plus ou
moins promptement la succession de tous les
phénomènes que nous avons observés dans la
pneumonie.

Mais, prenons un exemple qui tombe encore plus sous les sens : développons ce qui se
manifeste à la suite d'une opération, d'une
fracture considérable, d'une contusion violente; suivons pas à pas l'enchaînement des
phénomènes, des causes et des effets morbides.

Immédiatement après, ou pendant l'accident : douleurs plus ou moins violentes, crainte, terreur. Ces phénomènes qui portent sur l'encéphale, sont continus, ou suivis d'autres plus ou moins variés : inquiétudes vives, méditation profonde du malade sur son état, sa position : ainsi, exercice du cerveau toujours considérable à la suite de grandes opérations ou d'accidens graves. Cet excès d'exercice entraîne nécessairement celui du cœur ; d'où, la succession des phénomènes observés dans l'analyse des maladies précédentes. Mais faisons remarquer, que le plus ordinairement, il y a eu des excès en quelque genre, ou des altérations morbides antécédentes, dont l'influence, imprime à la maladie une direction qui ne peut être prévue que par la connaissance de ces causes.

Si les congestions ne sont pas trop intenses, si les organes ne sont pas détruits, des évacuations sanguines promptes, le repos général, dégorgent directement les organes où siégent les congestions, et font disparaître promptement la maladie.

Mais si, au contraire, les congestions sont fortement prononcées ; si plusieurs organes ont été altérés profondément, souvent cet état fâcheux se communique à d'autres organes ; de là, l'adynamie, qui n'est autre chose qu'une altération profonde des principaux organes de l'économie. Lorsque cette altération s'est accrue au point d'arrêter l'exercice des fonctions, la mort en est une suite nécessaire ; c'est alors que l'anatomiste observateur trouve les désorganisations nombreuses, prévues par les lésions des fonctions qui caractérisaient la maladie (1).

Tel est l'enchaînement des phénomènes qui se manifestent ordinairement, soit dans une pneumonie, une gastrite, soit à la suite d'une amputation, d'une fracture considérable, ou d'une contusion violente. Nous aurions pu

(1) Il n'y a que depuis que j'ai observé avec soin, et sans prévention, les maladies et les altérations des organes, que j'ai pu résoudre une contradiction apparente dans la manière de voir des quatre médecins les plus célèbres des hôpitaux de Paris, dont j'ai pu suivre exactement les visites, et assister avec eux aux ouvertures des cadavres. L'un trouvait toujours principalement le cœur malade, l'autre le poumon, le troisième l'estomac et les intestins, le quatrième le cerveau ; chacun d'eux faisait remarquer avec beaucoup de soin, et découvrait avec la plus profonde sagacité, l'altération même la plus légère, de son organe favori.

prendre toute autre maladie, dans laquelle
un organe est plus profondément affecté que
les autres, ou même une maladie dans laquelle
deux, trois, ou quatre organes sont en même
temps, et au même degré affectés de congestions, les causes ayant agi sur tous, en même
temps, et avec la même force; mais on conçoit que les lois de l'enchaînement sont les
mêmes; qu'elles ne varient que par des causes
bien connues, très-appréciables et calculables
même; de sorte que nous pouvons nous
rendre compte de l'enchaînement des causes
et des effets des maladies, du mode d'action
de ces causes et de ces effets, sans avoir recours aux théories des sympathies mystérieuses.
D'où nous pouvons conclure, pour le traitement des maladies, que pour les éviter, il faut
proportionner l'exercice des organes à leur
force; et que pour empêcher, ou arrêter la
maladie d'un ou de plusieurs organes, le repos
de ces mêmes organes, et de ceux qui, par
leur action, entraînent leur exercice, est de
toute nécessité : de sorte que l'on peut considérer comme une des bases de l'hygiène et de
la thérapeutique, la distribution méthodique
de l'exercice et du repos des organes.

Après avoir exposé les effets de l'exercice

immoderé des organes, nous pouvons facilement démontrer, comment le tempérament devient cause de maladies, comment il influe sur leur marche et leur caractère ; comment enfin, il donne des indications sur les moyens de les prévenir et de les traiter.

§ I.er

Des Tempéramens considérés comme Causes de maladies.

L'homme, comme nous l'avons déjà vu, est, de tous les êtres vivans, le plus compliqué dans son organisation, et celui chez lequel les organes encéphaliques prédominent le plus ; aussi, ses besoins sont nombreux, ses rapports avec la nature sont innombrables ; car, malgré sa frèle existence, il est dans une action continuelle, pour repousser ce qui lui est nuisible, et se rapprocher de ce qui lui est agréable. Il vit dans le passé, le présent et l'avenir ; en proie successivement et continuellement à des peines ou à des plaisirs de toute espèce, sa vie n'est que trouble et anxiété, n'est que craintes et espérances ; il tourmente ses semblables, il tourmente la plupart des espèces animales, enfin, il se tourmente lui-même. De ces dispositions résultent des excès de toute espèce, et de

14

ces excès, la cohorte nombreuse des maladies.

Tel est l'enchaînement de ces conséquences déduites les unes des autres; l'organisation de l'homme détermine sa situation ou ses rapports avec la nature, sa situation favorise ses excès, et ses excès déterminent les maladies.

Dans les sociétés civilisées, il est rare que les individus de la constitution *encéphalique*, ne se livrent pas à des pensées profondes et trop soutenues, à des passions violentes ou concentrées; d'où l'épilepsie, les convulsions et le coma dans le jeune âge, les spasmes chez la femme, la mélancolie, l'hypocondrie, et les innombrables variétés de monomanie chez les adultes. Car si, rassemblant nos forces, pour considérer d'un œil calme, le plus haut degré des misères humaines, nous promenons nos regards dans ces asiles d'infortune, qui renferment les individus spécialement privés de l'exercice régulier des fonctions du plus noble organe que l'homme possède, qui, en un mot, sont affectés d'aliénation mentale, et si nous recherchons les causes de ces désordres, nous les trouvons, dans un amour exalté, une ambition excessive ou trompée, dans des peines et des inquiétudes nombreuses et continues, partage le plus ordinaire des individus chez lesquels l'enéphale domine.

Les organes thoraciques et abdominaux, généralement faibles dans le *crânien*, deviennent
aussi souvent malades ; d'abord, parce que le
moindre exercice les fatigue, et qu'obligés
d'obéir à une tête active, ils commettent inévitablement des excès : en outre, l'exercice trop
continu de l'encéphale, trouble ou empêche
tout-à-fait l'exercice des fonctions des organes
abdominaux ; de sorte que ces derniers sont
doublement prédisposés aux maladies ; telle
est la cause de la fréquence des affections
lentes de l'abdomen, dans les individus de
cette constitution.

Quoique ceux dont le thorax est très-pré-
dominant, jouissent naturellement d'une forte
santé, et puissent se livrer impunément à de
grands travaux physiques ; cependant, lorsque
ces travaux dépassent leurs forces, on voit aussi
se manifester tous les accidens des congestions
dans les organes exercés immodérément ; et
comme ces individus sont fréquemment disposés à abuser de leurs forces physiques, les
pneumonies, les cardites, les rhumatismes
aigus sont leur partage ; et si l'on réfléchit,
qu'ils supportent difficilement les travaux de
l'esprit, on conçoit pourquoi, lorsque des

14..

circonstances impérieuses les forcent de s'y
livrer, ou font exaspérer leurs passions, l'encéphale s'altère promptement.

Les affections abdominales seraient beaucoup
moins fréquentes, si l'homme se contentait d'a-
limens simples ; mais l'art du cuisinier, lui devient de plus en plus nécessaire : il excite son ap-
pétit, il force ses organes à agir sans besoin.
Ceux surtout chez lesquels l'abdomen prédomine, sont fréquemment victimes des excès
d'exercice de leur ventre, et c'est d'eux dont
on a dit avec raison ; PLURES GULA OCCIDIT QUAM
GLADIUS.

Si dans cette constitution, les organes thoraciques et crâniens sont forcés de se livrer à
des exercices un peu violens ou continus, ils
deviennent facilement malades : Les gens de
lettres abdominaux, les abdominaux sédentaires sont généralement hypocondriaques.

Le *crânio-thoracique* et le *crânio-abdominal,*
lorsqu'ils sont trop prononcés, sont aussi disposés aux maladies qui sont la suite des excès
de leurs organes prédominans et inférieurs.

Lorsque le développement du tempérament
thoraco-abdominal, n'est point poussé jusqu'à
l'idiotisme (1), la santé est stable. Semblables

(1) Les individus tout-à-fait idiots, qui ne peuvent

aux animaux, ces hommes robustes, sans peines
et sans craintes, passent paisiblement leurs jours
dans la tranquillité; ils ne sont, comme eux,
atteints de maladies, que lorsque, forcés par
des circonstances impérieuses, de se livrer à
des travaux trop rudes, ils vont au delà de leurs
forces; car ceux qui sont dans l'aisance, poussent ordinairement leur carrière très-avant
dans la vie, et l'apoplexie qui les frappe enfin,
n'est souvent due qu'à l'excès de leur santé.

Quant au tempérament mixte, dans lequel
rien ne domine et rien n'est inférieur, il n'est
disposé à aucune maladie.

Ainsi nous pouvons établir, d'après l'observation et le raisonnement, que *le tempérament
devient cause fréquente de maladies, en dispo-
sant les organes les plus forts et les plus faibles à
des excès d'exercice.*

Plus un organe est fort et prédominant,
plus il est sensible à ses excitans naturels, plus
il est disposé à s'exercer. Et comme il est dif-

veiller à aucuns de leurs besoins les plus nécessaires à la
vie, sont tous malades; et si, surtout, leur organisation
générale est imparfaite, leur vie n'est qu'une longue maladie qu'ils ne poussent guère au-delà de vingt-cinq à
trente ans.

ficile qu'un organe très-disposé à l'exercice ne
fasse pas des excès dans le sens même de ses
dispositions, il devient très-souvent malade;
aussi, les hommes chez lesquels l'encéphale
domine, sont fréquemment victimes des excès
de leurs facultés et de leurs passions, d'où la
mélancolie et les folies variées; les thoraciques
sont affectés de cardite, de pneumonie, de
rhumatismes aigus, et les abdominaux de gas-
tro-entérite et d'hépatite, etc.

Un organe faible, quoique peu disposé, au
contraire, à agir, quoique peu sensible aux
excitans de son action, n'en est pas moins très-
souvent obligé de s'exercer immodérément,
parce que mille circonstances variées accumu-
lent fréquemment sur lui ses excitans naturels.
C'est ainsi que, quand les organes thoraciques
sont peu développés, et qu'ils remplissent
leurs fonctions comme s'ils avaient un grand
développement, leur exercice est facilement
immodéré, et les dispose aux congestions thoraciques, aux variétés de phthisie. De même,
les idiots, et ceux dont l'encéphale a peu d'é-
nergie, deviennent épileptiques et apoplec-
tiques, par une frayeur, un rêve, un exercice
souvent très-léger des organes des facultés et
des passions.

§ II.

Influence du Tempérament sur le caractère et la marche des maladies.

L'observation démontre, que toutes choses égales d'ailleurs, les hommes robustes, chez lesquels le thorax domine, ont des maladies *aiguës*, dont le début est prompt, la marche rapide et la terminaison également prompte, soit par la résolution, soit par la mort. Tandis qu'au contraire, ceux qui ont la poitrine étroite, ont des maladies plus *lentes* et qui affectent facilement une marche *chronique*. On observe aussi que les individus remarquables par la prédominance de leur cerveau, ont des maladies généralement *très-irrégulières dans leur marche*, qu'elles affectent fréquemment le caractère que l'on a appelé *ataxique* ; c'est-à-dire, qu'affectés d'une maladie quelconque, on observe fréquemment des symptômes cérébraux, qui ont souvent étonné les médecins, par leur variabilité, et même leur singularité.

On peut, d'après l'état actuel de la science, se rendre parfaitement raison aujourd'hui, de tous ces phénomènes ; par exemple, on con-

çoit facilement, pourquoi les individus chez
lesquels le thorax domine, ont des maladies
aiguës, qui affectent les caractères que l'on a
appelés *inflammatoires*, puisqu'il est évident
que des poumons spacieux, qui forment une
grande quantité de sang, et un cœur robuste
qui le distribue avec force dans tous les organes, doivent nécessairement augmenter encore
la congestion dans ceux qui en sont déjà le
siége, et constituer une maladie inflammatoire,
avec tous les caractères qui lui sont assignés.

Pour ceux chez lesquels l'encéphale domine; cet organe le plus important, et dont
l'action continuelle ne peut être facilement
modérée, s'exerce, en effet, presque toujours
au-dessus de ses forces, et devient nécessairement malade, soit dès le début, soit dans le
cours des maladies, et de même que les fonctions du cerveau sont très-variées, et les résultats très-nombreux dans l'état sain, ces résultats se manifestent avec des caractères plus
ou moins variés dans l'état pathologique.

Le *thoracique*, ayant naturellement peu
d'inquiétudes et peu de tourmens, ses maladies, quoique aiguës, sont franches et régulières; on a beaucoup moins à craindre ces
désordres dans les symptômes, que l'on ob-

serve si fréquemment dans le *crânien ;* mais comme peu d'individus sont maîtres d'eux-mêmes, les hommes robustes ne vivent souvent pas plus long-temps que les faibles. Ceux-là seuls, jouissent d'une longue vie, qui savent et peuvent naturellement proportionner leur exercice à la force de leurs organes.

Les maladies des *thoraciques* débutent ordinairement promptement; leur peu de sensibilité les empêche souvent d'arrêter leurs travaux, lors même qu'ils sont gravement atteints; de sorte que lorsque l'homme de l'art est appelé, il n'y a souvent plus de ressources, la congestion ayant déjà désorganisé en partie les tissus. Faisons donc remarquer ici, que ceux qui ont avancé, que les saignées copieuses étaient très-pernicieuses dans les hommes robustes, sont tombés dans une erreur, dont une observation plus approfondie, leur aurait découvert la source évidente.

Les *abdominaux*, qui ont aussi peu de tourmens et peu d'inquiétudes, ont des maladies qui parcourent des périodes régulières, et qui sont généralement lentes; mais, ces individus conservent la plus grande disposition à exercer leurs organes prédominans, qui s'affectent alors facilement, et qui jouent toujours un rôle important dans toutes leurs maladies.

§. III.

Indications tirées de la connaissance du Tempérament pour prévenir et traiter les maladies.

Ce siècle voit de jour en jour s'écrouler cet amas informe de médicamens composés, de formules compliquées, à l'aide desquels jadis nos pères cachaient leur ignorance, et s'endormaient sans y penser, à l'ombre d'une routine mystérieuse ; leurs pères avaient fait ainsi ; ils croyaient devoir faire de même, Hippocrate et Galien l'avaient dit !

Les hommes d'aujourd'hui, plus incrédules, moins confians dans la sagesse et les lumières de leurs aïeux, ne veulent suivre que la raison pour guide : malheur à ceux qui, encore égarés dans les sentiers de l'erreur, la répandent et la réchauffent de leur imagination ; l'opinion les flétrit, ils vieillissent promptement, et tombent bientôt dans l'oubli le plus profond et le plus honteux.

Un petit nombre de médicamns très-simples, suffisent donc aujourd'hui dans l'exercice de la médecine, et le temps n'est pas loin, où ce nombre sera encore diminué : en effet, si l'on réfléchit au mode d'action des causes des maladies, et au mécanisme de leur enchaînement, il est facile de concevoir comment le médecin peut souvent les prévenir et les guérir par des moyens très-simples et peu nombreux ; puisque la plupart sont dues aux excès d'exercice des organes qui déterminent des congestions dans leurs tissus ; il est tout naturel de conclure que, pour les prévenir, il faut diminuer les causes excitantes des organes, proportionner autant que possible, leur exercice à leur repos, et que, pour les guérir, ce dernier est de toute nécessité.

Mais examinons, plus en particulier, le régime à suivre dans chaque tempérament, pour éviter les maladies auxquelles il est disposé, et pour calmer celles qu'il a produites.

Ce régime consiste, principalement, à modérer ou à empêcher l'exercice des organes trop forts, et à exciter celui de ceux qui sont trop faibles.

Le *tempérament mixte*, ayant ses organes dans une juste proportion, n'étant disposé par lui-même à aucun excès, et par suite à aucune maladie ; n'ayant aucune influence sur

leur marche et leur caractère, jouissant naturellement d'une bonne santé, et d'un bien-être
inconnu aux autres hommes, doit chercher à
entretenir son tempérament, en distribuant
méthodiquement l'exercice et le repos de ses
organes; ainsi, pour ne point les laisser s'affaiblir, il faut les faire agir; l'exercice pourra être
poussé jusqu'à la fatigue, et le repos jusqu'à
la cessation de ce sentiment; et comme il est
d'observation que si les uns s'exercent exclusivement, les autres se reposent, l'équilibre est
bientôt rompu et le tempérament changé; il
est évident, que pour prévenir ce changement,
il faut les exercer et les reposer tous, et successivement, mais pas plus les uns que les
autres.

Nous avons vu, que la constitution *crânienne*, est une des plus disposées aux excès et aux
maladies; que lorsqu'elle est, surtout, très-
prononcée, elle s'accompagne constamment de
malaise, de mélancolie, d'insomnie; et que
les affections les plus graves arrivent bientôt,
lorsque l'individu s'abandonne aux penchans
de son organe prédominant.

Pour diminuer ces mauvaises dispositions,
il faut donc faire tous ses efforts pour modérer

l'exercice du cerveau ; en évitant de pousser l'étude et la méditation jusqu'à la fatigue ; et même, lorsque cela est possible, en les proscrivant tout-à-fait ; en éloignant, surtout, toutes les causes excitantes des grandes passions, qui prennent si facilement, chez le crânien, des racines profondes et difficiles à détruire ; mais il est, au contraire, nécessaire de fatiguer les muscles par la marche, la course, les voyages, les travaux mécaniques, la chasse, les travaux de la campagne. Le séjour dans une atmosphère tempérée, dans des lieux agréables et variés, est très-favorable au crânien ; il évitera la solitude des bois, qui dispose à la méditation. Les grandes chaleurs et le froid lui sont également nuisibles, l'humidité l'est beaucoup moins que dans les autres tempéramens, les bains tièdes lui sont même très-avantageux, ils assouplissent la peau et les autres tissus, et modèrent par là, l'action du cerveau. Il fera usage avec avantage des alimens tirés des végétaux, des fruits, des fécules surtout, des substances animales gélatineuses et des viandes blanches, de lait, d'œufs, de toutes les substances, en un mot, qui faciles à digérer, fournissent beaucoup de chyle, exercent et développent les organes abdominaux.

Tandis qu'au contraire, le café, le thé, les assaisonnemens aromatiques et excitans, les liqueurs spiritueuses, qui portent directement leur action sur le cerveau, devront être proscrits.

Le vin même, ne devra être pris qu'en petite quantité, et étendu d'eau; les repas devront être fréquens, mais peu copieux, et suivis de repos ou de distraction; car, l'exercice des organes encéphaliques surtout, trouble promptement la digestion du crânien. Mais, rien n'est au-dessus du sommeil, tout doit tendre à le favoriser, et à le procurer aussi long-temps que possible; du reste, la constipation si souvent opiniâtre, sera combattue par le régime dont nous venons de parler.

Tous ces moyens (1), qui devront être employés graduellement, ont pour but de diminuer l'excitation du cerveau prédominant, de favoriser son repos, et par suite, de diminuer même sa prédominance.

(1) Nous croyons ne devoir ici qu'indiquer ces moyens d'une manière générale, leur développement se rattachant à tous les points de l'hygiène, et ne devant être exposés complètement, que dans un traité *ex professo* sur cette science.

Telles sont les bases du régime à suivre pour éviter les effets fâcheux de ce tempérament. Mais c'est pendant le cours de ses maladies, qu'il faut surtout redoubler de soins ; car tous les crâniens sont généralement difficiles à traiter ; tantôt, des terreurs paniques, des craintes exagérées, ou tout-à-fait chimériques les poursuivent ; tantôt, des passions profondes et concentrées les tourmentent, et aggravent, bientôt, leurs affections les plus légères ; aussi, est-il de toute nécessité, d'éloigner d'eux, les objets pour lesquels ils ont de la haine, d'éviter les émotions trop vives ; il faut, au contraire, les environner d'objets agréables et les distraire. Le seul médecin philosophe, peut diriger le moral de son malade ; seul, il peut faire naître dans son cerveau, l'espérance et la tranquillité, et combiner avec méthode les médicamens calmans et antispasmodiques, dont le but est encore de diminuer l'excitation de l'organe encéphalique, et par conséquent de favoriser son repos. L'opium est un des puissans moyens de notre art, il calme directement l'excitation du cerveau agité par les douleurs ou les tourmens ; dépouillé surtout de sa substance narcotine, il n'excite pas l'action du cœur, et peut être par conséquent employé avec avantage, dans les cas mêmes, où ce dernier organe est excité. Les antispasmodiques, tels que l'éther, les infusions légèrement aromatiques, en excitant agréablement le cerveau, peuvent être aussi souvent employés avec succès chez ces individus. Il n'est pas nécessaire de faire remarquer, que lorsque la congestion au cerveau est aiguë et active, surtout au début des maladies, la prescription de ces médicamens, doit être précédée ou accompagnée des saignées générales ou locales.

Cependant, dans les affections lentes de l'encéphale, dans la mélancolie et les monomanies, si fréquentes chez ces individus, le traitement moral doit être employé presque exclusivement. Tantôt, il faut substituer subitement une passion à une autre, pour la conduire ou la modérer; d'autres fois il faut changer lentement la série des idées dominantes.

Le *thoracique*, quoique peu disposé aux maladies, doit éviter les excès comme les autres tempéramens; car, quoiqu'il puisse se livrer sans inconvénient à de grands travaux physiques, il doit éviter ceux qui dépassent ses forces. En outre, il supporte difficilement les travaux intellectuels auxquels il est peu apte, il s'y livre avec peine, est promptement fatigué, et lorsque des circonstances fortes et impérieuses développent chez lui des passions, son cerveau peu énergique est bientôt troublé dans ses fonctions. On doit généralement favoriser le développement de cette constitution; ce n'est que lorsqu'elle se prononce trop, et qu'elle détruit tout-à-fait l'intelligence et la sensibilité, qu'elle doit être modérée ou diminuée dans son développement; d'abord, par le repos des muscles, en forçant les individus à se livrer à l'étude, graduellement, et jusqu'à la fatigue; en facilitant chez eux le développement de passions louables; en leur prescrivant l'usage de boissons légèrement alcooliques, de bierre, de cidre, d'alimens tirés des végétaux, de fécules nourrissantes, de viandes gélatineuses; en excitant, en un mot, chez eux l'exercice du cerveau et du ventre aux dépens du thorax, afin de les rapprocher de la constitution mixte.

Dans les maladies du thoracique, qui sont généralement inflammatoires et aiguës, le repos des organes prédominans devient encore plus nécessaire que dans les autres tempéramens; car, ces organes énergiques augmenteraient encore la congestion. Les saignées générales et locales sont surtout indiquées ; elles doivent être proportionnées à l'intensité de la congestion, et au degré de prédominance des organes circulatoires et respiratoires.

Dans l'état actuel de la société, on peut dire, avec vérité, que la constitution *abdominale*, très-prononcée dès la jeunesse, est une des plus défavorables ; car, ces individus généralement peu actifs et peu intelligens, exerçent presque continuellement leurs organes prédominans. Aussi, à cet âge, lorsqu'on prévoit le développement du tempérament, ou lorsqu'il est déjà prononcé, il faut le prévenir ou le diminuer par la frugalité, en faisant des repas rares et peu copieux, en se nourrissant de viandes fibrineuses et de haut goût, de boissons qui excitent le cerveau et les organes circulatoires ; mais il faut surtout insister sur les exercices physiques ou actifs, éviter le sommeil trop prolongé, forcer à l'étude jusqu'à la fatigue, et exciter des passions, mais des passions louables, utiles à l'individu et aux hommes. Cependant, lorsqu'arrivé à la vieillesse, des circonstances nombreuses et irrésistibles le fortifient, il faut seulement en arrêter les progrès, et surtout les effets fâcheux, par l'exercice en

plein air, la marche prolongée. Ces derniers
moyens deviennent même de toute nécessité ;
car, à cet âge, on ne peut exercer que modé-
rément les organes encéphaliques, qui ne
tendent qu'à s'affaiblir ; mais, dans tous les
cas, il faut laisser agir le moins possible ceux
de l'abdomen, qui conservent encore beaucoup de disposition à s'exercer. Du reste, les
organes de l'intelligence et des passions, ayant
peu d'empire sur l'abdominal, troublent difficilement sa vie, ainsi que le cours de ses maladies.

Dans les abdominaux, les organes prédominans ayant beaucoup de tendance à s'exercer,
même dans le cours des maladies, et surtout
au début, toutes se compliquent généralement
d'affections abdominales, qui deviennent souvent prédominantes ; aussi, est-il nécessaire de
veiller au régime, d'insister de bonne heure sur
la diète, et sur les adoucissans tant externes
qu'internes.

Le *crânio-thoracique*, jouissant généralement
d'une forte santé, et étant un des plus dési-
rables pour l'homme, ne doit être modéré ou
arrêté dans son développement, que lorsque,
trop prononcé, il dispose à tous les excès, ou
qu'il produit l'insomnie, le malaise et les tour-

15..

mens. Pour arriver à ce but, il faut diminuer autant que possible, l'exercice des organes prédominans, proscrire tous les excitans du cerveau et des organes thoraciques, éviter les passions, la méditation trop prolongée; favoriser, au contraire, l'exercice du ventre, par le régime végétal, qui donne généralement peu d'activité à la circulation et au cerveau, et qui, au contraire, exerce le ventre sans le fatiguer; les fruits acides, les gommeux, les mucilagineux, les fécules, les substances animales gélatineuses et les viandes blanches, conviennent plus particulièrement; mais les repas devront être plus fréquens, et l'on favorisera surtout le sommeil et le repos.

Le *crânio-abdominal* est le plus disposé aux maladies, lorsqu'il est très-prononcé; aussi, doit-on modérer son développement, ou l'empêcher tout-à-fait chez le jeune homme, en diminuant l'exercice de l'abdomen et du cerveau, et en augmentant au contraire celui des organes thoraciques, par l'exercice en plein air, les travaux champêtres, le sommeil modéré et proportionné à l'exercice, l'usage des viandes fibrineuses très-animalisées, du bon vin en petite quantité, des repas modérés; mais on ne peut trop insister sur les travaux physiques, qui, cependant, devront toujours être pris graduellement, et en raison des forces qui sont ici peu considérables, sans quoi l'on exposerait ces individus aux affections si communes du thorax.

Le médecin philosophe ne doit point se borner à veiller à la santé de l'homme, à prévenir et à traiter ses maladies, il doit porter aussi son attention sur sa destinée, sur son but ici bas, sur sa perfection; s'il abandonne à ses propres forces celui qui devient *thoraco-abdominal* dès sa jeunesse, il le laisse tomber dans l'imbécillité et même l'idiotisme. Il doit donc lui tendre une main secourable, pour le relever à l'état d'homme.

A la vérité, si ce tempérament est trop prononcé, l'individu ne pourra jamais s'élever bien haut; il devra renoncer à la culture des sciences et dès beaux arts, il ne pourrait les cultiver avec fruit; mais il pourra se rendre utile à la société, par des travaux qui demandent moins de conception; en un mot, par une éducation convenable à sa position sociale.

Lorsque cette constitution se prononce dès

la jeunesse, il faut chercher à la prévenir par le régime, en modérant l'exercice des muscles et des organes abdominaux, et en excitant, au contraire, le cerveau à s'exercer. Ce n'est que par ces moyens, que l'on pourra parvenir à relever de l'état d'abrutissement, celui que la nature tendait à y plonger.

CHAPITRE SIXIÈME.

Réflexions sur les changemens de tempéramens, et sur les moyens d'en acquérir un déterminé.

Chaque individu tend naturellement à parcourir une série de changemens successifs dans les proportions de ses organes pendant le cours ordinaire de sa vie, ce qui, comme nous l'avons vu, constitue le tempérament des âges; mais cet ordre est presque toujours troublé par les nombreuses circonstances dans lesquelles il se trouve; de sorte qu'on peut dire avec vérité, que *l'homme est rarement ce qu'il devrait être*; dans ce sens, qu'il est toujours modifié, ou tout-à-fait changé, par les causes qui agissent continuellement sur lui d'une manière irrésistible.

Des motifs très-variés peuvent déterminer à changer de tempérament; d'abord, lorsqu'il est trop prononcé, la facilité avec laquelle il dispose aux maladies, indique qu'il est le plus souvent nécessaire de diminuer son trop grand développement, ou de le changer même entièrement.

En outre, comme le tempérament qui est

avantageux pour l'un, peut être inutile ou
même nuisible à l'autre, et qu'il est souvent
avantageux de l'approprier, autant que possible, à ce à quoi l'on est destiné; on doit sentir,
que l'un cherchera à devenir *crânien*, un autre
thoracique, un troisième *mixte*, un quatrième
crânio-thoracique, etc.

Il est donc souvent de la plus grande importance, pour le bonheur des individus, de pouvoir modifier leur existence, de changer leur
tempérament. Une étude approfondie de la
nature de l'homme est de toute nécessité pour
arriver sans danger à ce but; aussi, ce n'est
qu'après avoir démontré, comment l'homme
change naturellement, que nous indiquerons
les moyens de produire ces changemens.

L'observation s'accorde avec le raisonnement
pour prouver : que les diverses situations de
la vie sociale, les climats, les professions, la
forme du gouvernement, le genre de vie, et
même les maladies, etc., ne changent le tempérament qu'en favorisant, ou en déterminant
l'exercice ou le repos de tel ou tel assemblage
d'organes (1); et sans nous perdre dans des dé-

(1) Cette vérité se confirme non-seulement dans
l'homme, mais même chez les différentes espèces d'ani-

tails inutiles, nous pouvons nous élever à des résultats généraux d'observation.

Dans les pays chauds, où les alimens peu nourrissans par eux-mêmes, sont généralement des excitans du cerveau; où la nourriture est facile à se procurer, où les professions ne demandent pas beaucoup d'exercice des organes thoraciques; lorsque surtout la liberté règne, que les gouvernemens éprouvent de grandes secousses, que les sciences et les beaux arts fleurissent; lorsque tout, en un mot, favorise l'exercice des organes crâniens, ce tempérament s'y trouve très-répandu et très-développé.

Si dans ces mêmes pays chauds, où tout favorise le repos des organes thoraciques, malgré quelques causes excitantes du cerveau, si le despotisme comprime les élans du génie, si un grand nombre de causes favorisent l'exercice des organes abdominaux; le tempérament *abdominal* s'y multiplie.

Dans les pays froids, où la nourriture est difficile à se procurer; outre l'exercice dont

maux; car, le tempérament est varié dans ceux qui sont soumis à une sorte d'éducation, tandis qu'il est généralement le même, chez ceux qui vivent dans l'état sauvage.

l'homme a besoin pour se soustraire à l'action du froid, il est encore ordinairement forcé de chercher sa pâture, ou de subvenir à ses besoins par des travaux physiques, qui favorisent le développement du tempérament *thoracique*. Si dans ces régions la liberté triomphe, si les sciences et les beaux arts sont encouragés, on trouve fréquemment le tempérament crânio-thoracique. Lorsqu'au contraire, les hommes sont maintenus dans une profonde ignorance, qu'ils se nourrissent d'alimens grossiers, ils deviennent *thoraco-abdominaux*.

On peut encore se rendre raison des causes pour lesquelles chaque nation, chaque pays, a tel ou tel tempérament plus développé et plus répandu, si l'on réfléchit, que dans le plus grand nombre des cas, tous les individus d'un même peuple, sont soumis à plusieurs causes générales très-fortes, qui agissent sur tous en même temps, et de la même manière; qu'en outre, la constitution se transmet le plus ordinairement du père au fils; que tous les individus d'une même famille, ont souvent le même tempérament, (*fortes generantur fortibus*) : on concevra comment, de génération, en génération, les hommes d'une même contrée finissent par se rapprocher tous d'un

constitution déterminée (1) ; aussi, lorsque
les nations se mélangent, on voit bientôt diminuer, ou même disparaître le tempérament
national : de même lorsqu'un peuple éprouve
de grands changemens, son tempérament finit
par changer avec lui : on trouve de nombreuses
applications de ces vérités, dans l'histoire des
peuples tant anciens que modernes.

Maintenant, si nous parcourons les diverses
classes de la société, dans un même peuple,
dans un même climat ; nous trouvons encore,
l'encéphale prédominant chez les hommes de
lettres, les artistes, et tous les individus qui
exercent plus spécialement leur cerveau, soit
par la méditation, soit par les passions ; tandis que, chez les ouvriers qui sont obligés de
vivre des travaux de leurs bras, qui pensent
peu, menent une vie sobre, et exercent con-

---

(1) C'est aussi de cette manière, que l'on peut se
rendre compte des causes de l'hérédité des maladies ; car,
si un organe plus fort ou plus faible se transmet des pères
et des mères aux enfans, et si tous se trouvent, en outre,
soumis aux mêmes causes extérieures, ils sont tous inévitablement atteints des mêmes maladies ; mais, nous nous
réservons de développer, dans un autre ouvrage, ce
point important de pathologie.

tinuellement les organes du mouvement, le thorax prédomine.

Enfin, les hommes sédentaires, livrés à la mollesse et à la bonne chère; ceux qui, au retour de l'âge n'ont plus rien à faire ni à espérer; qui, en un mot, n'exercent plus que leur ventre, sont généralement abdominaux.

Les maladies même, ne modifient le tempétament, qu'en exerçant ou en reposant tel ou tel assemblage d'organes; car, dans la plupart des affections aiguës et chroniques, dans lesquelles les organes thoraciques et abdominaux s'exercent peu, tandis que ceux de l'encéphale sont livrés à un exercice continuel, ces derniers augmentent d'énergie, tandis que les premiers en perdent : c'est ce que l'on observe dans certaines manies. Dans les cas, au contraire, où les organes crâniens sont réduits au repos, tandis que ceux du thorax et de l'abdomen s'exercent fortement, ces derniers acquièrent une énergie extraordinaire; tels sont les épileptiques et les idiots.

De la connaissance de ces faits, découle, naturellement, cette grande application à l'hygiène et à la philosophie ; *pour changer son tempérament, et en acquérir un déterminé, il faut exciter à l'exercice les organes que l'on veut*

*rendre prédominans, et condamner les autres au
repos :* mais cette proposition est soumise aux
lois suivantes :

1.° *Le changement de tempérament s'obtient
plus facilement aux époques où l'âge le modifie
naturellement : ce sont ces époques que l'on doit
principalement saisir, pour faciliter ces changemens. Rappelons que l'homme qui est crânio-
abdominal dans l'enfance, devient facilement
crânien, de sept à quatorze ans ; crânio-thoracique, de quinze à vingt-cinq ; mixte ou thoracique, de vingt-cinq à trente-cinq ; thoraco-abdominal, de trente-cinq à quarante-cinq ; enfin
abdominal, dans la vieillesse.*

2.° *On obtient avec d'autant plus de facilité et plus
de promptitude le développement d'un tempérament, que l'empreinte est plus rapprochée, et d'autant plus difficilement et moins promptement qu'elle
est plus éloignée; de sorte que le mixte peut facilement passer par quelque tempérament que ce
soit ; mais l'abdominal très-prononcé deviendra
difficilement crânien, comme le crânien prononcé
deviendra aussi très-difficilement abdominal.*

3.° *Il faut exercer graduellement les organes
que l'on veut développer ; mais toujours proportionner leur exercice à leur force, car si l'exer-*

cice est trop prompt ou trop continu et sans repos,
les organes deviennent le siège de congestions qui
entraînent l'inflammation et ses suites ; du reste,
on est averti qu'un organe est assez exercé, lorsqu'il fait éprouver le sentiment de lassitude ; et
qu'il est assez reposé, lorsque ce sentiment a dis-
paru.

4.° Pour que l'exercice d'un organe entraîne
promptement son développement, il faut encore
reposer le plus possible tous les autres ; il est
même certains organes qui ne peuvent s'exercer
librement, si tous les autres ne sont en repos ;
l'exercice de ceux de l'encéphale, par exemple,
dérange très-promptement et très-fortement ceux
de l'abdomen ; aussi, s'ils s'exercent en même
temps, ils sont promptement altérés.

5.° Enfin, plus les causes qui favorisent ou
déterminent l'exercice ou le repos d'un organe
sont nombreuses et fortes, plus il sera disposé
à s'exercer ou à se reposer, et par suite à se développer ou à diminuer. Les causes qui excitent
les organes à agir et à se reposer sont très-variées ; car, chaque organe a ses causes excitantes
ou calmantes particulières : le cerveau, le cœur,
les poumons, les organes abdominaux, ont chacun un grand nombre de causes qui peuvent augmenter ou diminuer leur exercice ; et ces causes,

qui, *comme nous l'avons vu, prennent leur
source dans le genre de vie, sont plus ou moins
difficiles à accumuler, plus ou moins simples,
plus ou moins compliquées, selon les différentes
positions sociales des individus.*

C'est en distribuant méthodiquement ces
causes sur les organes, et en tenant compte
des circonstances que nous venons d'indiquer,
que l'on peut parvenir à acquérir un tempérament déterminé.

Pendant l'enfance et la jeunesse, on peut
obtenir le développement du tempérament *encéphalique*, mais il est plus difficile de l'obtenir
dans les autres âges, sans en éprouver de
grands inconvéniens; la vie sédentaire, les veil-
les opiniâtres, le jeûne et la méditation, sont
les moyens les plus propres à développer cette
constitution, à exciter l'encéphale à agir et à
se développer davantage; aussi, a-t-on constamment observé que ceux qui pour diminuer
leurs passions, se sont soumis à ce genre de
vie, sont parvenus à un but tout contraire, à
les exaspérer, et à les rendre encore plus impérieuses. Les alimens pris en petite quantité
et rarement, l'usage de ceux qui sont peu
nourrissans, mais très-excitans; le café, les

aromates, les vins, les liqueurs alcooliques, favorisent encore le développement de cette constitution. Il n'est pas nécessaire de faire observer que ce régime doit être amené graduellement et proportionnellement à l'excitation cérébrale.

Le repos des muscles est surtout très-nécessaire; ainsi, diminuer l'exercice des membres et du corps, proscrire les travaux mécaniques. Le cerveau seul, doit être excité à s'exercer; mais pour arriver à de grands résultats, il faut l'exercer dans le sens de ses dispositions, et autant que possible sur des objets d'utilité. On conçoit, que chaque genre d'étude demande à être environné de circonstances favorables très-différentes, mais toujours de toutes celles qui peuvent éveiller les passions et l'exercice de l'intelligence (1).

(1) Socrate, Platon, Démosthènes, tous les poëtes et tous les philosophes de l'antique Grèce, pour exalter leur imagination, et s'élever aux plus hautes conceptions du génie, aimaient tantôt à se rendre dans les bois les plus solitaires, à s'égarer dans des vallons, ou sur le sommet de hautes montagnes, d'où se déroulaient dans le lointain des plaines riantes et fertiles, des villes tumultueuses et funestes, et de grands fleuves, images de la vie, qui se perdent dans le sein des mers; tantôt à promener leurs regards vers la voûte des cieux, et à se livrer à la contemplation de tous les grands phénomènes de l'univers.

Au bout d'un certain temps, les organes encéphaliques prennent plus d'aptitude à s'exercer; et plus ils sont aptes, plus ils s'exercent, plus ils tendent encore à acquérir de la force et de l'énergie. Mais, quoiqu'il soit nécessaire, pour obtenir de plus grands résultats, d'exercer les organes dans le sens de leurs aptitudes, on peut cependant changer souvent ces dispositions (1); car, comme nous l'avons déjà dit, tous les hommes ont la même complication dans leur organisation, ils ne diffèrent que par le degré de développement de leurs organes et de leurs fonctions; de sorte que l'on doit toujours, autant que possible, diriger les facultés et les penchans de la jeunesse. Pythagore pénétré de ce principe, répétait souvent à ses disciples : *Maximum vitæ genus eligito, nam consuetudo faciet jucondissimum. Choisissez le meilleur genre de vie possible ; car par l'habitude, il vous deviendra le plus facile et le plus agréable.*

Ainsi, celui qui habitue son esprit à la mé-

(1) Les deux philosophes, Helvétius et M. Gall, nous paraissent s'être éloignés également l'un et l'autre de la vérité ; le premier, en attribuant trop aux effets de l'éducation ou aux circonstances variées de la vie, et le second à ceux de l'organisation primitive du cerveau.

16

ditation des grandes et hautes idées de la philosophie, qui se nourrit de l'étude des grands hommes, facilite le développement des organes cérébraux dans ce sens, et les rend plus aptes à s'occuper de grandes choses. Heureux celui qui, de bonne heure est pénétré de ces vérités; un feu sacré embrâse sa jeunesse, et détaché bientôt de ces objets puérils qui occupent la multitude, planant comme l'aigle au haut des airs; il ne voit que de loin la petitesse des vains jouets qui absorbent l'attention des hommes.

Pour déterminer un grand développement du tempérament thoracique, il ne faut pas dépasser quinze à vingt-cinq ans; car après cet âge, tous les os ont acquis leur étendue, et tous sont en général solides dans leurs épiphyses; les cartilages intercostaux prennent bientôt aussi plus de solidité; de sorte que l'on a beaucoup plus de peine à obtenir un agrandissement marqué de la cavité thoracique, quoique cela puisse encore avoir lieu. Du reste, pour obtenir ce développement, ou plutôt la prédominance de ces organes sur les autres, il faut favoriser, autant que possible, leur exercice, et condamner les autres au repos. La course, le chant, la déclamation, l'usage des instrumens à vent, les travaux mécaniques, l'exercice de tous les muscles en général, qui, outre qu'ils prennent leur point d'appui sur le thorax, augmentent encore directement l'exercice du cœur et des poumons. Ce grand exercice des organes thoraciques, diminue déjà beaucoup la disposition de ceux du crâne et de l'abdomen à s'exercer; mais, il faut aussi directement favoriser le repos de ces derniers : de ceux du crâne, en évitant l'étude, et autant que possible, les causes excitantes des grandes passions; de l'ambition, de la haine, de l'amour, de la tristesse. Reposer les organes abdominaux, par la sobriété dans le boire et le manger, en ne faisant qu'un petit nombre de repas; mais en se nourrissant de viandes fortes, ou d'alimens qui donnent au sang beaucoup de fibrine, en faisant un usage modéré du vin; car on sait que les athlètes, chez les anciens, conservaient leurs forces et leur vigueur, tant qu'ils restaient sobres et tempérans.

L'homme arrivé vers la trente-cinquième ou quarantième année, est, à cette époque de l'âge, le plus disposé à acquérir la consti-

tution abdominale ; si les circonstances favorisent, en outre, le repos du cerveau et du
thorax, si ses repas sont fréquens et copieux,
et suivis d'un sommeil long et tranquille, s'il
fait usage d'alimens très-nourrissans, mais qui
n'excitent ni le cerveau, ni le cœur, s'il se
nourrit d'adoucissans, de fécules, de viandes
blanches de jeunes animaux, de tous les alimens composés de substances végétales ; semblable aux herbivores, il se pénètre bientôt de
graisse, et perd aussitôt sa force, son esprit
et ses passions.

Il serait ici fastidieux d'énumérer les pré-
ceptes à l'aide desquels on parviendrait à développer chaque tempérament en particulier,
les mêmes principes étant d'une application
générale : *favoriser l'exercice des organes que
l'on veut développer, et condamner au repos ceux
que l'on veut diminuer.*

Mais, terminons en faisant encore remarquer que, ce n'est que par une connaissance
approfondie des lois indiquées ci-dessus, que
l'on peut parvenir, sans danger, à changer le
tempérament.

FIN.

TABLE DES MATIÈRES.

———

PHYSIOLOGIE DES TEMPÉRAMENS OU CONSTITUTIONS.

PREMIÈRE PARTIE.

CHAPITRE PREMIER.

CHAPITRE DEUXIÈME.

CHAPITRE TROISIÈME.

DEUXIÈME PARTIE.

CHAPITRE PREMIER.

CHAPITRE DEUXIÈME.

CHAPITRE TROISIÈME.

CHAPITRE QUATRIÈME.

CHAPITRE CINQUIÈME.

CHAPITRE SIXIÈME.

FIN DE LA TABLE.

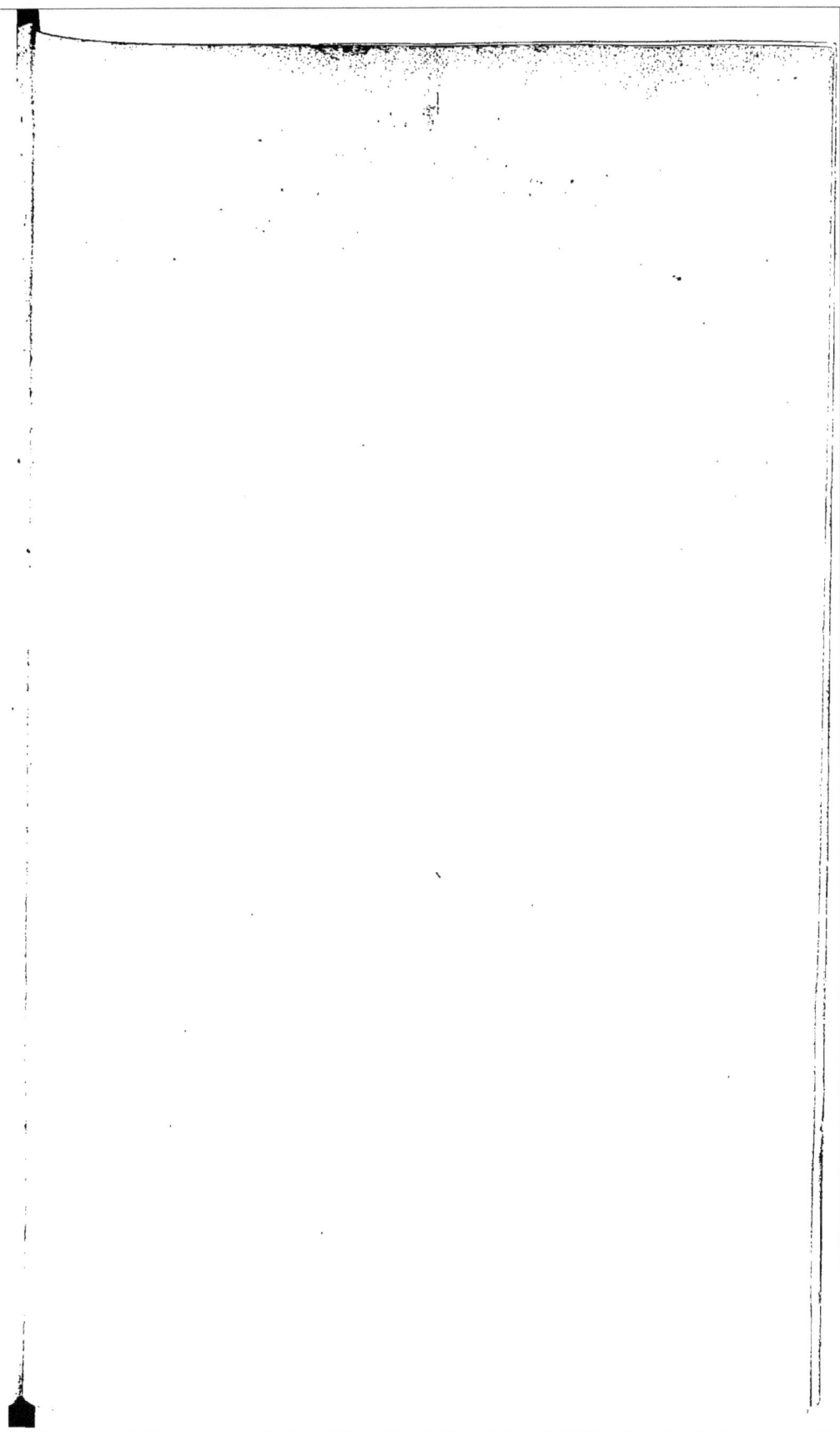

www.ingramcontent.com/pod-product-compliance
Lightning Source LLC
Chambersburg PA
CBHW071629200326
41519CB00012BA/2215